일러두기

1. 이 책에서 언급하는 연령은 독자의 이해를 돕기 위해 대중적으로 통용되는 나이 기준에 따라
   표기하였으며, 책에서 지칭하는 5~7세는 유아교육기관에 다닐 수 있는 연령인 만 3~5세를
   의미합니다(2024년 기준 2018~2020년생).

2. 일반적으로 아동발달 분야에서는 생후 36개월을 기준으로 '영아기'와 '유아기'를 구분합니다.
   이 책에서는 생후 36개월이 포함된 해의 나이인 0~4세와 5~7세를 구분하고, 4세 이전의 영아는
   '아기', 5세부터 7세까지의 유아는 '어린이' 또는 '아이'로 표기하였습니다.

3. 단행본, 사서는 『 』으로 표기하였습니다.

5~7세 자기주도학습을 이끄는 5가지 영역 발달법

다섯 살 공부 정서

박밝음 지음

서 사 원

자녀 교육의 출발선에 선
당신에게

저는 공부를 즐기는 사람입니다. 한때 유명했던 베스트셀러의 제목처럼 "공부가 가장 쉬웠어요."라고 말할 정도는 아니지만, 몰랐던 지식을 얻고 그것을 온전히 나의 것으로 만들어가는 일이 꽤 즐겁습니다. 학창 시절을 돌이켜 보면, 극심한 입시 스트레스 속에서도 공부는 그럭저럭 할 만했고, 힘들지만 재미있었습니다. 그러니 고된 시간을 끝까지 버텨낼 수 있었던 것이겠지요.

대학에 입학하니 저와 비슷한 부류 혹은 저보다 더한 사람들을 많이 만났습니다. 한때 TV에 자주 나오던 서울대 출신 유명 연예인의 취미가 '수학 문제집 풀기'라고 하여 화제가 된 적이 있었지요. 제가 대학에서 만난 많은 사람도 방식은 다르지만 자신의 관심 분야에 대해 배우고 익히는 것을 진심으로 즐기고 있었습니다.

이런 이야기를 들으니 어떤가요? '애초부터 나와는 다른 범주의 사람'인 것처럼 느껴질지도 모르겠습니다. 대다수에게 공부는 스트레스를 유발하는 원인이지 즐거움의 대상은 아니니까요. 그렇다면 공부를 즐기는 사람과 피하는 사람의 차이는 무엇이고, 이 차이는 언제부터 생겨나는 걸까요?

오랜 기간 아동 발달과 유아교육을 공부하고, 유치원에서 여러 아이를 만나면서 아이들은 자신만의 고유한 공부 방식이 있음을 알게 되었습니다. 그리고 이 고유한 방식에 맞게 유아기 공부를 시작하는지 아닌지에 따라 앞서 이야기한 공부에 대한 태도, 즉 '공부 정서'에 큰 차이가 발생하며, 이 차이는 아이의 일생에 걸쳐 영향을 미친다는 것도요.

4세 이전 영아기 자녀를 둔 부모의 관심은 대체로 아이가 건강하고 튼튼하게 성장하는지, 바른 기본생활습관을 형성하고 있는지에 초점이 맞춰져 있습니다. 보육 중심이지요. 그런데 아기에서 점차 어린이에 가까워지기 시작하는 5세부터는 '교육'이라는 키워드가 새롭게 등장합니다. 어린이집에 계속

보낼지 유치원으로 옮길지 고민하는 것부터 시작하여 유치원이라면 공립을 보낼지 사립을 보낼지, 사립을 보낸다면 독서 중심이 좋을지 예체능 중심이 좋을지 혹은 학습 중심이 좋을지, 영어유치원이라 불리는 유아 영어 학원은 어떨지 등 자녀 교육에 관한 현실적인 고민이 눈앞에 나타나는 시점이기 때문입니다. 웬만큼 확고한 교육관을 지니고 있지 않다면 다양한 선택지 앞에서 많은 부모는 어려움에 봉착하게 됩니다. 저 역시 마찬가지였고요.

이런 상황에서 도움을 구하는 가장 쉬운 방법은 주변을 둘러보는 것일 테지요. 조금 앞서간 육아 선배의 말을 들어보기도 하고요. 누구는 처음부터 공부 습관을 잘 잡아놔야 나중에 고생하지 않는다고 하고, 누구는 유치원 교육과정이 놀이 위주라 공부는 엄마가 따로 가르치거나 학원을 보내야 한다고 합니다. 유아를 대상으로 하는 사교육 업체에선 어려서부터 AI시대를 준비해야 한다며 태블릿 PC를 들이밀고, 지금이 공부 자극을 제대로 줄 수 있는 결정적 시기라며 학습지 홍보 전단을 뿌립니다. 이런 환경에서 부모의 불안감은 점점 더 커지고, 무엇이든 '지금 시키지 않으면 안 된다.'라는 생각에 빠지게 돼요. 바로 여기에서부터 아이만의 고유한 학습 방식에 맞지 않는 교육이 시작되고, 동시에 아이는 공부를 부정적으로 바라보게 됩니다.

유아기에 진짜 배워야 할 것, 이 시기의 발달 특성과 그에 따른 적절한 학습 방식에 대한 고려 없이 단순히 초등 이후의 학습법을 그대로 적용하거나 사교육 업체에서 선전하는 상품을 사서 아이에게 주는 등 남들이 하는 걸 따라 하는 교육 방식은 아이가 초등학교에 입학하기도 전에 이미 '공부는 따분하고 재미없는 것'이라고 생각하게 만듭니다. 공부의 즐거움은 맛도 보지 못한 채 태어날 때부터 가지고 있던 배움 추구의 욕구마저 꺾어버리지요.

잘못된 학습 방식의 가장 큰 피해자는 결국 아이들입니다. 앞으로 최소 12년, 혹은 그 이상의 시간을 공부하며 보내야 하는데 공부란 '싫어도 참고 버텨야 하는 것', '자신을 힘들게 만드는 것', '최대한 안 하고 싶은 것'이라고 생각하게 만드니까요. 좋은 마음으로 시작해도 학년이 높아질수록 어렵고 힘들어지는 게 공부인데, 이렇게 부정적으로 첫 공부를 시작한다면 어떻게 좋은 결과를 기대할 수 있겠어요.

제가 이 책을 쓰게 된 이유가 바로 여기에 있습니다. 엄마도 아이도 힘은 힘대로 드는데 만족스러운 결과마저 기대하기가 어려운 이런 학습 방식이 일반론처럼 널리 퍼져 있다는 게 너무나 안타까웠거든요. 한편으로는 저 또한 유아기 아이들을 키우는 부모로서 이런 현실을 거스르는 것은 너무나 어려운 일임을 체감하기도 했습니다. 아무리 객관적이고 논리적인 사람도 '내 아이'에 관해서라면 평정심이 유지되기가 쉽지 않은 법이잖아요. 자칫 중심을 잃으면 금세 이 흐름에 합류하여 허우적거리게 될 것 같았습니다. 그래서 유아기 특성에 맞는 쉽고 편안한 공부가 이후의 긴 학습 여정을 버틸 수 있는 원동력이 된다는 사실을 많은 부모님에게 알려드리고 싶었습니다. 궁극적으로는 아이들도 배움의 즐거움을 원 없이 느끼며 행복하게 성장할 수 있을 테지요.

이와 더불어 '유치원 교육과정(누리과정)'에 대해서도 이해하기 쉽도록 풀어보려고 합니다. 어린이집이든 유치원이든 교육기관에 다니고 있는 5~7세 아이들은 누구나 교육과정의 목표와 범주, 내용에 따라 교육을 받습니다. 하지만 그 내용은 잘 알려지지 않았지요. 특히 '놀이 중심 교육과정'이라는 표현이 따라붙다 보니 누리과정을 충실히 운영하는 유치원은 마냥 놀기만 한다는 오해를 받기도 합니다.

그러나 누리과정은 국내 최고의 아동 발달 및 유아교육 전문가들이 모여 수립한 국가 수준의 교육과정으로 5~7세에게 적합한 교육 방식을 가장 잘 담아내고 있습니다. 따라서 누리과정에 대한 기본적인 이해가 뒷받침된다면 올바른 방법으로 자녀를 교육하는 데 큰 도움을 받을 수 있을 거예요. 또한 유아기에 반드시 배워야 할 것들의 내용과 수준, 목표가 모두 담겨 있으므로 이 책을 통해 누리과정에 대해 좀 더 잘 알 수 있게 된다면 참 좋겠습니다.

'배움을 즐기는 태도'는 단순히 학업과 입시를 위한 공부에만 그치지 않습니다. 이 자세는 우리 아이들의 일상을 더욱 풍성하고 다채롭게 채워주며, 능동적이고 주도적으로 자신의 삶을 이끌어가는 데 힘이 되어줄 것이라 믿습니다. 이 글을 읽는 여러분도 같은 마음일 거라고 생각하며 우리 아이의 첫 공부법을 함께 알아봅시다.

CONTENTS ○

[PART 2] 5~7세에 시작하는
우리 아이 첫 공부

유치원 교육과정에 대하여

유치원 교육과정으로 우리 아이 첫 공부 레벨 업하기

[부록   ] 우리 아이 첫 공부에 대한
다섯 가지 질문 178

PART 1

자기주도학습력을 키우는 5~7세 우리 아이 공부 정서

자기주도학습력을 키우는 5~7세 우리 아이 공부 정서

모든 아이는
타고난 학습자

모든 아이는
공부 욕구를 지니고
태어난다

인간은 욕구를 추구하는 존재입니다. 갓 태어난 아기도 배고 플 땐 먹고, 졸릴 땐 자고 싶어 하지요. 생존을 위해 필요한 '생리적 욕구'를 타고난 것입니다. 그뿐만 아니라 양육자의 따 뜻한 품에서 안전하게 '보호받고 싶은 욕구' 또한 지니고 있 습니다. 주변 사람들에게 '애정과 인정을 받고 싶은 욕구', 자 신의 능력을 발휘하여 '스스로 성장하고 싶은 욕구' 역시 인 간이 지닌 타고난 욕구라고 할 수 있겠지요.

욕구에서 빼놓을 수 없는 것이 바로 '공부 욕구'입니다. 인간이 '공부하기를 추구하는 존재'라는 것이 낯설게 느껴질 수도 있습니다만, 조금만 생각해보면 이는 아주 당연하고도 자연스러운 것입니다.

어린아이는 스스로 할 수 있는 일이 거의 없습니다. 그러니 어린아이에게 있어 배우고 익히는 것(공부)은 생존을 위해 반드시 충족되어야 할 욕구이자 그들의 삶 속에서 매 순간 이루어지는 과정이라고 할 수 있습니다.

◦ 공부 욕구를 충족하는
서로 다른 방식

공부 욕구는 모든 아이가 지닌 공통적 특성이지만 이를 추구하는 방식은 저마다 매우 다르게 나타납니다. 어떤 아이는 문자나 매체를 통해 배우기를 선호하는 반면 어떤 아이는 직접 몸으로 부딪치고 경험하며 배우기를 선호합니다. 또 어떤 아이는 자신만의 속도와 방식으로 스스로 익히는 데 반해 어떤 아이는 여러 친구와 함께 어울리고 소통하며 익힙니다. 하늘 아래 똑같은 아이는 없고, 그렇기에 저마다의 배움 역시 서로 다른 모습으로 나타나는 것이지요.

자기주도학습력을 키우는 5~7세 우리 아이 공부 정서

지식의 형태는 다양합니다. 앞서 언급한 문자나 매체를 통해 배우는 지식을 '명시적 지식'이라고 합니다. 형식을 갖추고 있고, 말이나 글로 표현하여 전달할 수 있는 지식이지요. 이것은 사실을 암기하고 논리적 추론을 이해하는 형태로 학습이 이루어집니다.

반면 몸으로 부딪치고 경험하며 배우는 지식은 '암묵적 지식'이라고 합니다. 언어로 표현하기는 어려우며, 관찰과 경험을 통해 몸으로 체득하며 배울 수 있는 지식이에요. 아이들은 대부분 암묵적 지식으로 세상을 배웁니다. 이 시기의 발달 특성상 직접 보고, 듣고, 만져보고, 느껴야만 가장 잘 배우고 익힐 수 있기 때문입니다. 문자와 언어에 대한 발달이 급격히 이루어지는 7세 이후가 되면 명시적 지식과 암묵적 지식을 고루 배우게 되지요.

다양한 지식의 종류만큼이나 학습 방식도 다양합니다. 그리 어렵지 않게 과제를 시작하고 학습 이후의 성취감을 즐기는 아이가 있는 반면, 과제에 대한 거부감과 부담감이 너무 커서 책상 앞에 앉는 것조차 싫은 아이도 있습니다. 무언가를 배우면 그것에 대해 혼자서 끊임없이 반복하고 되뇌며 자신의 것으로 소화하는 아이도 있고, 가족이나 친구들에게 아는 것을 이야기하고 뽐내며 지식을 견고히 하는 아이도 있지요.

분명한 것은 명시적 지식이든 암묵적 지식이든, 홀로 익히든 함께 익히든 아이들은 늘 공부하고 있다는 사실입니다. 책을 읽으며, 유치원과 놀이터를 오가며, 자신만의 놀이를 펼치며 그 속에서 많은 것을 배웁니다.

'우리 아이는 공부는 하나도 안 하고 매일 놀기만 해요.'라고 생각하시나요? 그렇다면 교재 내용을 이해하고 암기하는 명시적 지식에 한정된 '좁은 의미의 학습'만을 공부라고 생각하는 것은 아닌지 짚어봐야 합니다. 이미 잘 배우고 있는 아이에게 '어른 입맛의 공부'를 들이밀면 공부 욕구로부터 멀어지게 되는 건 순식간이거든요.

아이가 가진 고유한 성향과 기질, 그리고 발달 속도의 차이는 공부 욕구를 충족시키는 방식에도 지대한 영향을 미칩니다. 따라서 유아기 첫 공부를 시작하기 전에 양육자가 원하는 학습 방식이 과연 아이에게도 잘 받아들여질지를 가장 우선적으로 고려해야 합니다.

○ 내 아이의 고유한 특성을 이해하는 것이 우선

유치원 교사로 지내면서 많은 아이를 만나왔는데요. 문득 문득 떠오르는 한 아이가 있습니다. 밝고 명랑한 성격임에도 일주일에 두 번은 그림자가 짙게 드리워진 어두운 표정으로 교실에 들어서서 가방을 내려놓으며 이렇게 말하곤 했지요. "휴, 오늘 공부방 가는 날이다."

6세 아이가 일주일에 두세 번 공부방에 가는 건 꽤 흔한 일입니다. 같은 반에는 공부방 가는 걸 좋아하는 친구들도 있었고요. 그런데 이 아이에게는 그곳에서 보내는 시간이 하루의 기분을 좌우할 정도로 불편하고 어려웠나 봅니다. 그도 그럴 것이 이 아이는 자신이 아는 것을 조잘조잘 이야기하고, 무엇이든 직접 해보는 경험을 통해 배움을 얻었거든요. 그런 아이가 입을 꾹 다물고 조용히 교재를 들여다보기만 해야 하니 제대로 된 배움은커녕 오히려 공부에 대한 부정적 인식만 커져갈 뿐이었지요. 아이는 "방학이 되면 아무것도 하지 않고 방에 누워 유튜브만 보고 싶어요."라는 말을 자주 했습니다. 자신에게 맞지 않는 시간을 견뎌야만 하는 이 아이의 심정은 어땠을까요?

내 아이에 대한 이해 없이 '다른 아이들은 다 한다더라.', '이 교재가 좋다고 하더라.' 하는 식의 이야기를 따르는 것은 맞지 않는 옷을 아이에게 억지로 입히는 것과 같습니다. 일단 옷을 입히는 것 자체도 쉽지 않은 일일뿐더러, 가까스로 입혀놓더라도 마음 편히 걸음 한 번 걷지도, 팔짱 한 번 끼지도 못하는 상황이 될 수 있어요. 그 과정에서 아이가 가지게 될 불안과 자책, 무력감과 패배감은 말할 것도 없고요.

　무슨 공부를 얼마나 시켜야 할지를 생각하기 전에 내 아이는 무엇을 좋아하고 즐겨 하는지, 어떤 상황에서 잘 배우고 익히는지를 살펴주세요. 내 아이의 고유하고 독특한 학습 방식을 이해하는 건 앞으로 이어질 학업과 배움에 대한 태도, 즉 평생에 걸쳐 유지될 '공부 정서'를 제대로 형성하는 데 가장 중요한 열쇠 역할을 해줄 것입니다.

무슨 수를 써서라도
두 가지는
반드시 배운다

앞서 아이는 어른들 눈에 보이든 보이지 않든 늘 자신만의 방식으로 공부하고 있다고 말씀드렸습니다. 아이에 따라 선호하는 지식의 유형이나 학습 방식에도 차이가 있다는 이야기도 했고요. 그런데 모든 아이가 무슨 수를 써서라도 반드시 배우는 것이 두 가지 있습니다. 첫째는 '생존에 필요한 것'이고요, 둘째는 '재미있는 것'입니다.

○ 스스로 알아서 배우는
생존에 필요한 것

아이는 본래 연약하고 미숙한 존재입니다. 그렇기에 발달 단계에 맞게 생존에 필요한 적절한 기술을 익혀야 하지요. 아이 자신도 이 사실을 매우 잘 알고 있습니다. 알고 있다기보다는 본능적으로 느낀다고 하는 것이 더 적절한 표현일 것 같네요.

아이는 자신이 세상에 적응하며 잘 성장하는 데 필요한 것이 무엇인지 빠르게 인식하고 습득합니다. 둘째로 태어난 아이가 부모의 사랑을 얻기 위해 첫째보다 더 많이 애교를 부리며 귀여운 행동을 한다거나, 부모의 다툼을 자주 목격한 아이가 작은 신호에도 눈치를 살피며 지나치게 민첩하게 행동하는 경우를 예로 들 수 있습니다. 물론 이 생존 전략에도 아이마다 차이는 있어요. 애정과 관심의 결핍을 느끼는 경우 누구는 '문제 행동으로 관심 끌기' 전략을 사용하는 반면 누구는 '지나치게 어른스러운 행동으로 인정받기' 전략을 사용합니다.

발달에 관련된 학습 기제 역시 이미 아이에게 내재되어 있습니다. 일종의 지침서를 지니고 있다고 할까요? 때가 되면 기고, 앉고, 잡고 서다가 마침내 스스로 걷게 되는 일련의 과

자기주도학습력을 키우는 5~7세 우리 아이 공부 정서

정은 누가 가르쳐주지 않아도 스스로 획득합니다. 자신만의 속도에 따라 적절한 때에 실제로 실행해보는 경험을 통해 온전히 배우고 익히게 되는 것이지요. 이처럼 자신의 생존과 발달에 필요한 기술과 전략은 누가 가르쳐주지 않아도 스스로 배웁니다.

○ 시키지 않아도 배우는 재미있는 것

아직 말도 안 트인 아기가 스마트폰에 손가락을 대고 터치하며 화면을 넘기는 모습을 본 적 있나요? 그 작은 손가락으로 어른의 행동을 어찌나 똑같이 따라 하는지…… 참 놀랍기도 하고 신기하기도 합니다. 가르쳐주지도 않은 행동을 어떻게 스스로 할 수 있을까요? 그건 스마트폰을 통해 보는 영상이나 사진이 아기에겐 너무나 '재미있는 것'이기 때문입니다. 리모컨을 다루는 방법을 알고 원하는 TV 프로그램을 골라 본다거나, 게임에 참여하기 위해 빠르게 규칙을 익히고 이해하는 것 또한 같은 맥락이라고 할 수 있어요.

이처럼 학습과 관련하여 아이가 지닌 아주 중요한 특성 중 하나는 바로 '재미를 추구하는 존재'라는 것입니다. 자신이 느끼기에 재미있고 즐겁다는 생각이 들면 어떻게 해서든 그것을 배우고, 배운 것을 지겨울 만큼 반복합니다. 반복하는 과정에서 배운 것을 더 탄탄히 익히게 되고요.

이때 간과해선 안 되는 부분은 '자신이 느끼기에' 재미있어야 한다는 점입니다. 우리가 생전 들어보지도 못한 공룡 이름을 줄줄 읊는다거나, 역사책에 푹 빠져 밥 먹는 시간에도 책을 놓지 못하는 아이들은 그 속에서 자신만의 재미 포인트를 찾아낸 것이라고 할 수 있습니다.

유아기 첫 공부를 시작함에 있어 이러한 사례들이 의미하는 바는 무엇일까요? 아이에게 전달하고자 하는 지식이 앞서 언급한 두 가지 특성을 지니고 있다면 누군가가 나서서 가르치지 않더라도 아이는 스스로 어떻게든 배우고 익히게 된다는 사실입니다. 흔히 말하는 자기주도학습 역시 바로 여기에서부터 시작되는 것이고요.

○ '맥락'과 '재미'
활용하기

아이에게 있어 생존은 자신이 처한 환경에 적응해 나가는 과정이라고 할 수 있습니다. 생활 속에서 마주하는 다양한 상

자기주도학습력을 키우는 5~7세 우리 아이 공부 정서

황에 적절하게 반응하고 대처하는 기술을 익힘으로써 안정적으로 성장할 수 있게 되는 것이지요. 따라서 가르치려는 내용이 생활 및 주변 환경과 직접적으로 맥락을 같이 한다면 아이 스스로 배우고 익히기에 더할 나위 없이 좋은 지식이라고 할 수 있습니다.

간판이나 교통표지판, 마트 전단 등 주변에서 쉽고 친숙하게 접하는 모든 인쇄물을 '환경 인쇄물'이라고 하는데요, 앞서 이야기한 좋은 지식의 가장 적절한 사례 중 하나입니다. 환경 인쇄물은 아이에게 친숙한 실생활의 맥락을 담고 있으며, 실제적인 경험 또한 제공하기 때문이에요. 따라서 유아기에는 문식성 발달(글을 읽고 쓰는 것에 더하여 그것을 통합적으로 이해하고 활용하는 능력(literacy))에 기초가 되는 환경 인쇄물을 적극적으로 제공해주면 좋습니다. 한글에 관심이 생기기 시작한 아이가 주변의 글자를 궁금해하고 읽어보려 시도할 때 환경 인쇄물은 더없이 좋은 한글 교재가 되어줄 거예요.

맥락을 통해 전하기 어려운 종류의 지식이라면 '재미'의 측면에서 접근해야 합니다. 이때 반드시 함께 고려해야 할 것이 바로 아이의 관심사인데요, 관심이 있는 것이 무엇인지에 따라 재미를 느끼는 지점도 달라지기 때문입니다. 숫자에 관심이 있고 수 감각이 발달한 아이라면 학습지, 숫자 카드 등 방식에 구애받지 않고 즐겁게 공부할 수 있을 거예요. 책에 관심이 있는 아이라면 글밥이 많은 책도 흥미롭게 읽어볼 수 있겠고요.

하지만 그렇지 않은 경우라면 관심이 없음에도 불구하고 재미있게 느낄 만한 방식으로 그럴싸하게 포장하는 것이 필요합니다. 숫자에 관심이 없는 아이라면 학습지보다는 구체물, 즉 과자나 장난감 등을 이용해 수를 세어보고 덧셈과 뺄셈을 경험해보며 수의 크기를 비교하는 등의 활동이 더 적절하겠지요. 책에 관심이 없는 아이라면 책으로 도미노를 만들어 게임을 해본다거나, 숨은그림찾기 책처럼 읽는 개념이 아닌 놀이 개념의 책을 제공하여 책을 재미있는 놀잇감으로 느낄 수 있도록 시도해볼 수 있을 거고요.

아이는 생존과 발달을 위해 필요한 정보를 제때 적절히 습득해야 하고, 그 와중에 재미와 즐거움이 있는 배움까지 놓치지 않고 챙겨야 합니다. 이것만으로도 아이의 삶은 이미 매우 바쁘고 벅차요. 그러니 지금 꼭 필요한 것도 아니고 심지어 재미도 없는 방식의 공부는 아이의 머릿속에 끼어들 틈이 없는 게 당연합니다. 설사 간신히 비집고 들어간다고 한들 그 속에서 오래 버텨낼 재간이 있을까요? 처음부터 제대로 뿌리내리지 못한 공부는 머지않아 힘없이 고꾸라지고 말 테지요.

아이를 위한 교육은 아이와 가장 가까운 생활 속에서, 무엇보다 즐겁고 재미있게 시작해야 하는 이유가 바로 여기에 있습니다. '첫 공부'에 대한 긍정적 정서가 아이에게 주어질 기나긴 배움의 길에서 지치지 않고 나아갈 든든한 지원군이 되어주기 때문입니다.

평생학습 시대,
다섯 살 공부 정서
여든까지 간다

시대가 빠르게 변하고 있습니다. 사실 '빠르게 변한다'는 말로 는 변화의 속도감을 제대로 담아내지 못할 정도이지요. 어제 까진 불가능했던 기술들이 자고 일어나면 가능해지고, 겨우 하나의 기술을 익히고 나면 그새 변형되고 확장되어 전혀 새 로운 지식의 형태로 나타나기도 합니다.

시대가 빠르게 변한다는 것은 우리가 한 번 익힌 지식의 수명이 놀라울 만큼 짧아졌다는 것을 의미합니다. 그와 동시

자기주도학습력을 키우는 5~7세 우리 아이 공부 정서

에 수명을 다한 지식의 빈자리를 채울 새로운 지식들이 끊임없이 쏟아져 나온다는 뜻이기도 하지요. 그러니 이 변화의 속도를 따라 가려면 우리는 계속해서 새로운 무언가를 배워야 합니다. 하물며 우리 아이들은 어떨까요? 배우고 익히는 과정이 전 생애에 걸쳐 이루어지는 그야말로 '평생학습 시대'를 살아가게 될 것이 분명합니다.

○ 지금 아이에게 가장 필요한 건 바른 '공부 정서'

평생학습 시대에서 자신의 삶을 잘 꾸려가기 위해 우리 아이들에게 가장 필요한 건 무엇일까요? 그건 바로 올바르게 형성된 '공부 정서'입니다. 공부 정서라는 말이 생소하게 느껴지는 분이 있을지도 모르겠습니다. 말 그대로 풀어보면 공부는 '학문이나 기술을 배우고 익히는 것'이고, 정서는 '무언가를 마주했을 때 일어나는 여러 가지 감정이나 기분'을 뜻합니다. 이 두 의미를 합쳐보면 결국 공부 정서란 '무언가를 배우고 익히는 것에 대한 감정이나 기분'이라고 할 수 있어요. 아이들의 학업적 성취에 있어 배움에 대한 태도와 감정이 중요한 요소로 인식되면서 최근에 이 단어는 자녀 교육을 다루는 책이나 강연 등에서 꽤 자주 언급이 되고 있습니다.

'공부'를 학교 교육과정 내에서의 지식 습득, 혹은 대학 입시를 위한 학업적 성취의 개념으로 국한하여 이해한다면 공부에 대한 긍정적인 정서는 크게 중요하지 않을지도 모릅니다. 아이가 싫어해도, 힘들어해도, 대학에 가기 위해서라면 어떻게든 참고 버티도록 만드는 게 불가능한 일은 아니니까요.

그러나 앞서 이야기했듯이 우리 아이들이 살아갈 세상은 평생학습의 시대입니다. 더 이상 '대학 입학=공부 끝'의 공식이 통하지 않지요. 이러한 상황에서 잘못 형성된 공부 정서는 아이 삶에 평생에 걸쳐 지속적으로 부정적인 영향을 미칠 수밖에 없습니다.

이토록 중요한 공부 정서의 맨 처음 단추가 끼워지는 시기가 바로 5~7세, 유치원에 다니는 나이입니다. 유치원(혹은 어린이집)에서는 교육과정에서 제시하는 방향에 따라 다양한 형태의 지식을 습득하고, 경우에 따라서는 엄마표 교육이나 학원, 학습지 등을 시작하기도 하지요. 이때 아이의 발달 특성과 성향에 잘 맞는 방식의 교육이 제공된다면 아이는 자연스럽게 '공부는 즐겁고 재미있는 것', '자신에게 필요하고 의미가 있는 것'으로 받아들일 수 있습니다. 긍정적인 공부 정서가 형성되기 시작하는 것이지요.

이러한 긍정적 공부 정서는 다음 단계의 학습을 기대하게 하고 자신감 있게 도전할 수 있는 힘이 되어줍니다. 이 힘은 아이를 '성취 경험'으로 이끌며 또 다시 긍정적 공부 정서를 강화시키는 선순환으로 이어지지요. 즉, 유아기에 제대로 형성된 공부 정서는 이후로도 지속적으로 유지, 강화되며 평생에 걸쳐 이어질 가능성이 높습니다.

반대의 경우는 어떨까요. 사실 유치원 현장에서는 이미 부정적 공부 정서가 강하게 형성된 아이들을 어렵지 않게 만날 수 있습니다. 아침에 엄마와 공부하다가 혼이 났다며 울먹이는 표정으로 교실에 들어서는 아이도 있고요, 클수록 공부를 더 많이 해야 하니 더 이상 나이를 먹지 않고 지금 이대로 멈춰 있고 싶다고 속마음을 털어놓는 아이도 있습니다.

이러한 태도로 정규 교육과정에서만 12년, 그리고 그 이후 지속되는 크고 작은 배움의 순간을 즐기지 못하고 일생을 견뎌내야 한다면…… 원하는 만큼의 성취를 얻는 건 너무나 어려운 일이 될 겁니다. 자신이 진짜 하고 싶은 일 앞에서도 '배움'의 고비가 두려워 지레 포기하고 마는 선택을 하게 될지도 모르지요.

∘ 어려운 공부를 버리고
쉬운 공부로 가는 방법

여러분은 언제 처음으로 공부가 어렵고 힘들다고 느꼈나요? 제 경우엔 공부의 결과가 '성적'과 '평가'로 이어지기 시작한 때였어요. 공부가 학업 성취의 기준이 되고, 입시의 당락을 가르는 점수로 측정이 되면서부터요. 정답을 찾고 오답은 버리는 좁은 의미의 공부에 가까워질수록, 그리고 다른 사람과의 경쟁이 불가피해질수록 공부는 더 힘들어졌습니다.

그렇다면 유아기 아이들은 어떨까요? 이 시기 아이들에게는 성적, 평가, 입시가 필요하지 않습니다. 정답만을 찾을 필요도 없지요. 궁금한 것에 대해 알아보고 이해하는 과정만으로도 이미 배움은 충분히 일어나니까요. 그러니 '원래 공부는 어렵고 힘들다'는 건 적어도 유아기 아이들에게는 전혀 통하지 않는 말입니다.

그렇다면 유아기에는 즐겁고 재미있는 경험만을 해야 할까요? 그건 아닙니다. 참고 기다리며 견디는 경험 역시 필요해요. 다만 공부가 아니라 '일상생활의 영역'에서 이루어져야하는 것이지요. 정해진 시간에 일어나 유치원에 가고, 교실에서 약속과 규칙에 맞게 자신의 행동과 감정을 조절하며, 자신에게 필요한 일을 스스로 해내는 '자조능력'을 키우는 과정에

자기주도학습력을 키우는 5~7세 우리 아이 공부 정서

서요.

 유치원에서 약속과 규칙을 잘 지키는 아이는 학교에 가서도 수업 시간과 쉬는 시간을 구분하고 각 시간에 맞는 행동을 할 수 있습니다. 내가 가지고 싶은 놀잇감이 있더라도 자기 차례가 될 때까지 기다릴 수 있는 아이는 하고 싶은 게 있더라도 참고 먼저 해야 할 일(숙제)을 하는 힘을 지니게 될 테고요. 여러 번의 도전과 실패 끝에 지퍼 닫기에 성공한 아이라면 잘 풀리지 않는 수학 문제 앞에서도 또다시 시도해보는 용기를 가질 수 있을 겁니다. 이처럼 유아기의 발달 특성 및 원리에 맞는 방식의 교육이 이루어졌을 때 아이들은 몸도, 마음도 건강한 성인으로 바르게 성장할 수 있답니다.

자기주도학습력을 키우는 5~7세 우리 아이 공부 정서

영유아기 자기주도학습
씨앗 뿌리기

자기주도
학습력이
중요한 이유

학업을 성공적으로 수행함에 있어 자기주도학습력이 중요한 영향을 미치는 요인이라는 사실은 오래전부터 여러 연구를 통해 밝혀져 왔는데요, 최근 들어 그 중요성은 더욱 강조되고 있습니다. 이유가 무엇일까요?

2018년 OECD는 미래 교육의 방향과 이에 따른 학교 교육에서의 실행 방안을 제시하기 위해 〈교육 2030: 미래 교육과 역량〉 프로젝트를 발표했는데요, 이 프로젝트에서 주요하게 다뤄지는 키워드 중 하나가 바로 '주도성'입니다. 특히 미래 교육에서 학습자가 반드시 갖추어야 할 핵심 역량으로 '학생 주도성(student agency)'이라는 개념을 새롭게 제시했어요. 학생 주도성이란 '학습자가 스스로 목표를 설정하고 그 목표를 달성하기 위해 학습하며 책임감 있게 결정하고 행동할 수 있는 역량'으로 정의되는데, 이러한 역량을 갖추기 위한 밑바탕이 바로 우리가 잘 아는 자기주도학습력인 것이지요.

초등학교를 시작으로 2024년부터 단계적으로 적용되는 〈2022 개정 교육과정〉 역시 이러한 기조에 맞게 자기주도성과 창의력, 혁신성을 갖춘 인재를 우리 교육에서 추구하는 인간상으로 규정하고 있습니다. 특히 '학습자의 주도성을 강조하며 스스로 공부하고 실력을 키워나갈 수 있는 능력 갖추기'라는 목표에 비추어 볼 때 학업을 성공적으로 수행하는 데 자기주도학습력은 그 무엇보다 중요한 요인으로 작용한다는 걸 알 수 있습니다.

○ 교육의 형태와 방식은 변해도 변하지 않는 본질

정보화 기술의 눈부신 발전은 우리의 삶 전반에 지대한

자기주도학습력을 키우는 5~7세 우리 아이 공부 정서

영향을 미치고 있습니다. 학교 교육의 형태 또한 급변하고 있지요. 교과서를 위주의 수업 방식에서 벗어나 디지털 교과서, 원격 교육, 코딩 및 인공지능 활용 교육 등 지금까지 경험해보지 못했던 새로운 교육 방식으로 전환되고 있습니다.

특히 코로나19 펜데믹 이후 온라인 기반의 수업이 학교 급(유치원, 초등학교, 중학교, 고등학교 등 과정상 차이가 있는 학교들을 통칭하는 표현)을 막론하고 전반적으로 확산되었어요. 2020년 9월 교육부와 한국교육학술정보원(KERIS)에서 초·중·고 교사 5만여 명을 대상으로 실시한 '원격교육 경험 및 인식조사'에 따르면 원격 수업으로 인해 학생들 간 학습 격차가 커졌다고 응답한 비율이 전체의 79%를 차지했으며, 이 학습 격차가 발생한 이유 중에 가장 높은 순위를 차지한 것은 '학생들 간 자기주도학습력의 차이(64.9%)'였습니다. 학습의 본질인 필요와 욕구에 따라 지식을 배우고 익히는 자기주도학습력은 교육의 형태와 방식이 바뀌어도 가장 강력한 영향을 미친다는 사실을 다시 한번 보여주는 사례라고 할 수 있습니다.

○ 자기주도학습력의 씨앗은
영유아기부터

　교육 분야에서 자기주도학습력에 대한 논의는 대체로 10세 이상의 아이들을 대상으로 이루어져 왔습니다. 학교에 들어가고 나서야 본격적으로 '교육과정이 목표로 하는 성취 수준에 도달할 수 있는 학습능력을 갖추었느냐, 그렇지 않으냐'가 명확하게 드러나기 때문이지요.

　그러나 자기주도학습력은 아이들이 학교에 들어갔다고 해서 갑자기 갖추게 되는 능력이 아닙니다. 영유아기에 자신의 연령과 발달 수준, 그리고 개별적 특성에 맞는 다양한 형태의 배움을 경험한 아이들은 마음속에 자기주도학습력의 씨앗이 뿌려집니다. 이 씨앗이 단단히 뿌리를 내리고 싹을 틔울 수 있도록 도움을 받으면 본격적인 학업 과정에 들어서도 흔들림 없이 곧게 자라날 수 있습니다.

　인지발달이론으로 잘 알려진 심리학자 장 피아제는 "유아기 아이들은 본능적으로 주변 세계에 대해 호기심과 궁금증을 지니고 있고 무엇인가를 발견하고 탐구하려는 특성이 있다."고 했어요. 즉 이 시기는 자신에게 주어진 문제를 스스로 발견하고 해결하고자 하는 욕구인 자기주도학습력을 길러주기에 가장 적절한 때라는 것이지요.

사람은 누구나 자신이 맞닥뜨린 문제를 해결할 수 있는 힘을 지니고 있어야 해요. 이는 어린아이든 어른이든 마찬가지입니다. 어떤 종류의 문제인지, 이 문제를 해결하기 위해 어느 정도의 노력이 필요한지가 다를 뿐이지요. 그런데 우리가 일상생활에서 마주하는 다양한 문제에 올바르게 대처하거나 해결할 수 있는 능력은 짧은 시간 내에 길러지지 않습니다. 어릴 때부터 오랫동안 적절한 교육 환경 속에서 다양한 경험을 해봐야 얻을 수 있습니다. 그러니 지금 우리가 해야 할 일은 아이들이 스스로 발견하고 행하며 깨닫는 경험을 통해 자기주도학습의 씨앗을 충분히 뿌릴 수 있도록 도와주는 거란 걸 꼭 기억해주세요.

자기주도학습력이
높은 아이의
특성

앞서 자기주도학습력의 중요성이 강조되고 있는 이유와 교육적 배경에 대해 이야기를 나누었는데요, 그렇다면 자기주도학습력이 높은 아이들의 공통적으로 지니고 있는 핵심적인 특성은 무엇이 있을까요?

자기주도학습력을 구성하는 요인에 관해서는 학자마다 다양한 견해를 제시하고 있습니다. 그중에서도 영유아 시기에 더욱 잘 길러줄 수 있는 특성으로는 '개방성', '긍정적 자기

자기주도학습력을 키우는 5~7세 우리 아이 공부 정서

개념', '자율성과 내적동기', 그리고 '창의성'을 꼽을 수 있습니다.

○ 개방성

개방성은 배움에 대해 관심이 많고 열려 있는 태도를 뜻합니다. 또한 새로운 과제나 활동이 주어졌을 때 위축되거나 불안해하지 않고 '일단 한 번 해볼까?' 하는 긍정적인 마음으로 시도하는 모습을 보여요. 인지적인 자극에 호기심을 가지고 반짝이는 눈빛을 보이는 아이라면 높은 개방성을 지니고 있다고 할 수 있습니다.

○ 긍정적 자기개념

긍정적 자기개념은 말 그대로 자기 자신에 대해 '긍정적인 믿음을 가지고 있음'을 의미합니다. 예를 들어 '글자를 배운다면 잘 읽고 쓸 수 있다.', '엄마가 조금만 도와주면 1부터 20까지 차례대로 셀 수 있다.'라고 생각하는 아이라면 긍정적 자기개념이 잘 형성되어 있다고 볼 수 있겠지요.

이때 학습자로서 자신이 지닌 능력에 대한 인식이 어떠한 지가 기준이 되는데요. 여기서 반드시 기억해야 할 것은 실제 지니고 있는 능력 자체가 아니라 능력에 대한 '인식'이 중요하다는 점입니다. 즉 현재 수준을 과도하게 뛰어넘는 과제가 지속적으로 아이에게 주어진다면 제아무리 뛰어난 실력을 갖추고 있다 하더라도 정작 스스로는 본인이 형편없는 수준이라는 믿음을 가지기 쉽습니다. 지나친 선행학습, 연령별 발달특성을 무시한 교육 방식을 지양해야 하는 이유가 바로 여기에 있습니다.

○ 자율성과 내적동기

자율성은 스스로의 의지와 계획에 따라 학습을 실행하는 특성을 말합니다. 자율성을 가지고 있는 아이는 외적 보상이 주어지지 않아도 자기가 하는 일에 재미와 만족을 느껴요. 그렇습니다. 이 아이는 '내적동기'가 강한 것이지요.

한 가지 사례를 들어볼까요? 양치 시간에 컵에 물을 받던 아이가 우연히 컵의 단면 위로 물이 봉긋하게 솟아오를 뿐 넘쳐흐르지 않는 장면을 목격합니다. 아이는 신기해하며 몇 번이고 물을 따르고 다시 받기를 반복해요. 물이 흐르지 않고

자기주도학습력을 키우는 5~7세 우리 아이 공부 정서

어디까지 찰 수 있을지 알아보기 위해 물의 양을 점차 줄여 받아보기도 하고, 수도꼭지에 컵을 가까이 붙여 물을 받아보기도 합니다. 스스로 가설을 세우고 그에 따라 담김과 넘침의 경계를 찾아내려 애쓰지요. 누구도 시키지 않았지만 자신만의 방식으로 '표면장력' 실험을 진행하고 있는 것입니다. 자율성과 내적동기는 이렇게 아이를 자발적인 배움의 장으로 이끌어간답니다.

○ 창의성

아이들을 대상으로 하는 '창의성 교육'이라든지 '창의성 향상 프로그램' 등은 주변에서 쉽게 찾아볼 수 있는 교육이에요. 그만큼 창의성은 영유아기에 잘 길러주어야 하는 중요한 특성으로 자주 손꼽힙니다.

그런데 정작 창의성이 무엇인지 정확히 개념을 정의하기란 쉽지 않아요. 창의성은 크게 '새로운 아이디어를 얻기 위해 다양한 것을 탐색해보는 사고의 과정', 그리고 '특정한 문제 상황에서 자신이 기존에 가지고 있는 지식들을 조합시켜 이를 해결해 나가는 과정'으로 나누어집니다.

자기주도학습력에서는 이 중 두 번째 과정에 좀 더 초점이 맞추어져 있어요. 주어진 과제에 대해 아이가 나름의 독특하고 엉뚱한 해결책을 제시할 때, 그 엉뚱함을 따라가보는 것이 허용되는 학습 환경이라면 창의성은 자동으로 쑥쑥 자라나게 됩니다.

이와 더불어 스스로 자신의 문제 상황을 인식하고 이를 해결할 수 있는 방법들을 찾아내는 '문제해결력', 자신의 행동을 스스로 평가하고 더 나은 결과가 나올 수 있도록 개선하는 '자기평가' 역시 높은 자기주도학습력을 지니기 위해 아이들이 갖추어야 할 주요 특성입니다.

이처럼 다양한 요소들이 함께 어우러져야 단단한 자기주도학습력을 지닌 어른으로 성장할 수 있습니다. 특히 영유아 시기의 자기주도학습력은 교육기관에서 경험하는 교수·학습 과정에서뿐만 아니라 양육자가 아이를 대하는 태도나 행동, 의사소통과 상호작용을 통해서 또한 많은 영향을 받아요. 그러니 우리는 아이들이 자신을 둘러싼 모든 환경 안에서 이러한 특성들을 잘 길러낼 수 있도록 도울 필요가 있음을 명심해야 합니다.

자기주도학습력을 키우는 5~7세 우리 아이 공부 정서

놀면서 기르는
재미있는
자기주도학습력

영유아기 발달에 있어 '놀이'가 중요하다는 말은 아이를 키우는 분들이라면 이미 지겨울 만큼 많이 들어보았을 겁니다. 자유롭게 자신의 관심과 흥미를 추구함으로써 편안하고 안정적인 정서 발달이 이루어지고, 활발하게 몸을 움직이면서 신체발달 또한 촉진되고, 타인과 함께하는 놀이는 의사소통 능력이나 사회성 발달에도 도움이 된다고 이야기하지요.

그런데 이처럼 신체, 정서, 사회성 발달뿐만 아니라 '인지 발달', '학습능력 발달' 측면에서도 놀이는 결정적인 역할을 하고 있다는 것, 알고 있나요? 앞서 이야기한 것처럼 영유아 시기는 학습능력 중에서도 특히 스스로 즐기며 배우고 익히는 힘, 즉 자기주도학습력의 씨앗을 심고 튼튼히 뿌리를 내릴 수 있도록 하는 게 중요한데요. 아이들은 자신이 '주도하는 놀이'를 통해 다음의 세 가지 핵심 역량을 균형 있고 탄탄하게 길러냅니다.

○ 핵심 역량 하나, 스스로 하는 힘

자기주도학습의 첫 번째 핵심은 아이가 '스스로' 학습을 한다는 것입니다. 그런데 누군가의 지시 없이 무언가를 알아서 뚝딱 해내는 것은 아이에게 참 쉽지 않은 일이기도 해요. 사실 아이뿐만 아니라 어른도 마찬가지이지요. 저 역시 무언가를 처음 시작하려는 순간에는 막막하기도 하고 어디서부터 어떻게 손을 대야 할지 모르겠거든요. 그러므로 아이에게는 본격적으로 자기주도학습이 시작되는 초등 시기 이전 일상생활에서 자신의 선택에 따라 무언가를 경험해보는 시간을 가지는 것이 참 중요합니다.

자기주도학습력을 키우는 5~7세 우리 아이 공부 정서

그런데 아이의 일상을 잘 살펴보면 자기 마음대로 할 수 있는 것이 생각보다 많지 않아요. 제시간에 일어나 유치원 또는 어린이집에 가야 하고, 기관에서는 정해진 일과에 따라야 하며, 때로는 하고 싶지 않은 활동도 해야 합니다. 집에서도 마찬가지이지요. 저녁을 먹고 목욕을 한 후 잠자리에 드는 등 자신의 의지와 상관없이 일정한 루틴에 따라야 하는 시간이 많아요. 한마디로 아이의 일상 대부분은 누군가의 지시를 따르는 것으로 채워지고 있다는 겁니다. 이러한 면에서 '온전히 자신의 선택에 따라 이루어지는 놀이'는 그야말로 가뭄에 단비 같은 존재라고 해도 과언이 아닙니다. 스스로 선택한 일을 반복하며 익히기에 아주 좋은 수단이 되는 것은 당연하고요.

자신이 주도하는 놀이를 통해 '내적 동기'를 인식하고 강화할 수 있다는 것 또한 주목할 만한 부분 중 하나입니다. 앞에서도 설명했듯이 내적 동기란 보상이나 지시 등 외부 요인이 아니라 자기 내부에서 일어나는 마음의 움직임에 따라 무언가를 성취하고 이루고자 하는 상태를 뜻해요.

내적 동기에 따라 이루어지는 놀이를 통해 아이들은 강한 자신감과 성취감을 맛볼 수 있습니다. 원하는 대로 블록을 연결했더니 멋진 자동차 도로가 만들어지고, 마음대로 그리고 칠했더니 아름다운 성이 생기는 과정을 통해 자신을 '무엇이든 할 수 있는 사람', '세상 누구보다 멋지고 대단한 사람'으로 인식하게 됩니다. 이러한 경험을 자주, 반복적으로 해온 아이는 학습 상황에서도 자신의 방식으로 다가가 배우기를 시도합니다. 자연스럽게 자기주도 학습이 이루어질 준비가 되는 것이지요.

○ 핵심 역량 둘,
목표와 계획 세우기

유아기 이전과 이후 아이의 놀이에서 나타나는 가장 큰 차이점이 무엇인지 아시나요? 유아기 이후 놀이에는 '목표와 계획'이 있다는 것입니다. 일상에서든 놀이에서든 목표를 정하고 그에 따른 계획을 세운다는 건 인지 발달 단계에 있어 엄청난 변화를 의미합니다. 눈에 보이지 않는 미래의 일이나 상황을 고려하고 예측하며, 그것을 자신의 행동에 반영할 수 있는 능력을 지녔다는 뜻이거든요. 한 마디로 '큰 그림을 그릴 줄 아는 능력'을 지녔다는 것이지요. 이것이 바로 자기주도 학습의 두 번째 핵심입니다.

목표를 정한다는 것은 자신이 이루고자 하는 것을 분명히 알고 그것을 위해 적절한 수단과 방법을 택할 수 있다는 뜻입니다. 계획을 세운다는 것은 목표를 달성하는 데에 있어 자신

자기주도학습력을 키우는 5~7세 우리 아이 공부 정서

에게 주어진 자원을 파악한 후 의도에 따라 이를 쪼개어 사용할 수 있다는 뜻이고요.

　예를 들어 자동차를 좋아하는 아이가 TV에서 카레이싱 장면을 본 후 자신도 해보고 싶다는 마음이 들었다고 해봅시다. 아이는 우선 '자동차 경주 놀이'를 목표로 정한 후 어떻게 이 놀이를 할 수 있을지 방법을 찾아야겠지요. 함께 놀이할 친구들을 초대하고, 경주장과 자동차를 무엇으로 만들지 결정할 것입니다. 블록으로 경주장과 자동차를 만들기로 정했다면 다음은 계획을 세울 차례입니다. 여러 종류의 블록 중 큰 조각으로는 자동차 경주장을 만들고 작은 조각으로는 자동차를 만들거나, 친구들과 역할을 나누고 그에 맞는 구조물을 각자 만들어 합친다거나 하는 식으로요. 이처럼 명확하고 구체적인 자원을 목표와 계획에 맞게 활용하는 것에 익숙해지면 점차 추상적인 개념으로 범위를 넓혀갈 수 있습니다. 주어진 시간이 얼마 없다면 서둘러 자동차 1대를 만든 후 일단 경주 놀이부터 시작할 테고요. 시간이 충분하다면 자동차를 여러 대 만들어 경기장에 진열한 후 본격적인 경주에 임할 겁니다. 가장 추상적인 개념 중 하나인 '시간'까지도 스스로 파악하고 적절히 배분하여 목표를 위해 활용할 수 있게 되는 것이지요.

　물론 학업에 있어서 목표를 세우고 그에 따라 시간을 체계성 있게 활용하는 것은 최소 초등학교 저학년 이후는 되어야 합니다. 그러나 이와 같은 놀이 속 경험들이 탄탄하게 자리를 잡고 있다면 이후에 자신이 결정한 목표와 계획에 따라 자기주도학습을 실천하기에 훨씬 더 유리한 상황에 놓이게 될 것이라는 건 두말할 필요도 없겠지요?

○ 핵심 역량 셋,
메타인지 활용하기

교육 분야에 관심 있는 분이라면 '메타인지(상위인지)'라는 용어를 한 번쯤은 들어보았을 겁니다. 특히 학습에 관한 이야기를 할 때 참 많이 다뤄지고 있는 개념이지요. 미국의 발달심리학자 존 플라벨에 의해 만들어진 용어인 메타인지는 '자신이 무엇을 알고 무엇을 모르는지를 아는 능력'을 가리킵니다. 이는 자신의 인지 수준을 상위 단계에서 들여다볼 수 있다는 뜻이기도 합니다. 따라서 메타인지가 높은 아이는 자신의 능력과 한계를 정확히 판단할 수 있고, 이를 통해 자신에게 가장 적합하고 효율적인 방식으로 학습을 수행할 수 있습니다. 효율이 높아지니 학습의 결과 역시 좋아지게 되고요.

그런데 놀랍게도 아이들의 놀이 속에서, 특히 역할 놀이에서 이 메타인지의 사용이 매우 빈번하게 일어나곤 합니다. 엄마, 아빠, 아기로 각자 역할을 맡아 놀이하던 아이들이 어느 순간 "우리 이제부터는 밥 먹는 시간이라고 하자. 아기는 우유병을 들어야 해."라며 극의 장면을 설정하기도 하고, "그릇이랑 숟가락이 필요해. 저쪽에서 가지고 와야겠어."라며 그 장면에 필요한 재료나 도구를 챙기기도 하지요. 연극에 빗대어 보자면 자신의 배역을 연기하는 배우뿐만 아니라 극 전체의 진행과 흐름을 총괄하는 감독의 관점까지 지닌 것이라고 할 수 있습니다.

놀이 속에 있다가도 필요할 때는 그 장면에서 빠져나와 상위 관점에서 상황 전체를 조망하고 재구성하며 원하는 방향으로 이끌어가는 것. 메타인지의 핵심과 맥이 닿아 있음이 느껴지나요? 바로 여기에서부터 메타인지 능력이 싹을 틔우고 자라나게 되는 것입니다.

자, 지금까지 놀이를 통해 기를 수 있는 자기주도학습능력의 세 가지 핵심 역량에 대해 알아보았습니다. 그런데 아이들은 이외에도 다양한 종류의 학습능력을 놀이로 길러냅니다. 놀면서 배우고 배우면서 놀지요. 그것이 아이의 삶 자체입니다. 수많은 유아교육 전문가가 그토록 '놀이'와 '놀이를 통한 배움'을 강조해왔던 것도 바로 이러한 이유 때문 아닐까요? 그러니 내 아이가 지금 무엇을, 얼마나 배우고 있는지 궁금하다면 우선 아이의 놀이를 찬찬히, 그리고 가까이 들여다보기를 권합니다. 답은 늘 놀이 속에 있답니다.

자기주도학습력을 키우는 5~7세 우리 아이 공부 정서

아이의 공부 정서,
부모가 놓치고 있는 것들

욕심만 앞선 '엄마표 교육'이 모든 것을 망친다

아이 교육에 관해 이야기할 때 가장 익숙하고 편하게 접근하는 방식 중 하나가 바로 '엄마표'입니다. 시간과 공간의 제약 없이 집에서 언제든 자유롭게 할 수 있고, 비용적인 면에서도 부담이 적기 때문에 비교적 쉽고 가벼운 마음으로 시작할 수 있지요. 더군다나 요즘은 엄마표 교육으로 아이를 좋은 대학에 보냈다거나 원어민 수준으로 영어를 하게 되었다는 등 여느 부모가 혹할 만한 사례를 담은 책이나 SNS상의 정보 등을

자기주도학습력을 키우는 5~7세 우리 아이 공부 정서

쉽게 접할 수 있습니다. 그러다 보니 많은 부모님이 관심을 가지고 나름의 다양한 방식을 시도해보곤 하지요.

○ 아이 수준에 맞게 가르친다는 위험한 '착각'

제가 대학생일 때의 이야기입니다. 당시 제가 살던 집 근처에 초등학교에 다니던 사촌 동생이 살았는데, 지척에 있다 보니 종종 숙제를 봐주거나 어려워하는 문제를 가르쳐주었어요. 한번은 수학 개념을 설명해주는데 여러 번 설명을 해줬는데도 잘 알아듣지 못하고 어려워하더라고요. 저는 이렇게까지 해줘도 모르면 어떻게 하냐며 타박 아닌 타박을 하고, 답답한 마음에 한숨을 내쉬기도 했습니다. 그리고 얼마 지나지 않아 우연히 같은 내용을 설명하는 EBS 강의를 보게 되었는데, 글쎄 강사분이 "여기가 가장 어려운 부분이다. 처음 들었을 때는 잘 모르는 게 당연하니 천천히 여러 번 설명해주겠다."라고 하는 게 아니겠어요? 그때 깨달았습니다. 동생의 수준을 잘 알고 있다고 생각한 건 저만의 착각이었다는 것을요.

엄마표 교육을 하면서 마주하게 되는 어려움 중 하나가 바로 여기에 있습니다. '아이의 수준에 맞게 가르친다는 게 생각처럼 쉽지 않다'는 거요. 이러한 문제가 생기는 이유는 두 가지입니다. 우선 유아기는 발달의 개인차가 도드라지는 시기임에도 개인차보다는 그 나이에 적당하다고 여겨지는 보편적인 내용을 기준으로 삼는 경우가 많기 때문이에요. 예를 들면 문자 읽기와 쓰기에 관심을 가지는 시점은 아이마다 차이가 있는데도 '여섯 살이면 받침 없는 글자를 모두 읽을 수 있어야 하고, 일곱 살이면 웬만한 글자는 다 받아쓸 수 있어야 한다.'라는 식으로 기준을 정하고 그에 따라 한글을 가르치는 것이 이에 해당합니다.

다음으로 유아기에는 개인차뿐만 아니라 개인 내 발달 영역들 간 속도 차이가 존재하는데도 한 영역이 뛰어나면 다른 영역도 그와 유사한 수준일 것이라 가정하는 경향이 있기 때문입니다. 언어적 이해는 빠르지만 수 개념 발달은 비교적 느린 아이의 경우 두 영역의 학습 수준은 분명한 차이가 있음에도 수 개념 또한 언어능력에 근접한 수준이라 생각하고 가르치는 것이지요. 이러한 이유로 인해 부모의 기대와 아이의 실제 인지 수준 사이에는 큰 격차가 생기게 됩니다. 그러니 아이의 수준에 맞게 가르치고 있다는 건 어쩌면 부모님만의 착각일지도 모릅니다.

자기주도학습력을 키우는 5~7세 우리 아이 공부 정서

○ 아이를 향한 욕심,
   내려놓는 연습

현실적으로 엄마표 교육이 제대로 이루어지기 어려운 또다른 이유는 가르치는 대상이 바로 '내 아이'이기 때문입니다. 내 아이라서 하나라도 더 가르쳐주고 싶고, 내 아이라서 남들보다 더 앞서가기를 바라지요. 이러한 욕심은 어쩌면 엄마로서 당연하고 자연스러운 것일지도 모르겠습니다만, 엄마표 교육에서는 이 욕심이 자칫 모든 것을 망치는 독이 될 수도 있습니다.

욕심이 앞선 엄마표 교육은 자녀 또래 중에서 특히 뛰어난 소수의 아이를 기준으로 삼습니다. 그렇다 보니 아이가 가진 능력보다 많이 해내기를 요구하고, 아이의 현재 수준보다 높은 곳에 도달하기를 기대하지요. 그러다 내 아이가 그만한 수준에 미치지 못한다는 생각이 들면 초조하고 다급해지기 시작합니다. 이성적으로 내 아이의 발달 상황을 파악하고 무엇에 흥미가 있는지 알아보는 건 뒷전으로 미뤄둔 채 자꾸만 높은 기준에 맞춰 비교하고 다그치며 재촉하는 일이 많아져요. 그럴수록 아이는 점점 더 배움에 대한 흥미를 잃어갑니다. 급기야 엄마와 함께하는 시간이 고통스러워지기까지 해요. 아이를 위해 시작한 엄마표 교육이 오히려 엄마와 아이의 관계에 악영향을 미치게 됩니다. 당연히 공부가 잘될 리가 없어요.

『논어』에 보면 공손추가 "군자는 왜 직접 자식을 가르치지 않느냐."라고 묻는 대목이 있습니다. 이에 맹자는 "부모의 가르침을 자식이 행하지 않는다면, 즉 열심히 공부하지 않으면 부모는 화를 내게 되고, 이로 인해 자식의 마음을 상하게 한다. 부모와 자녀 사이에 의가 상해서는 좋은 결과가 나올 수 없다."라고 답합니다. 아무리 좋은 의도로 시작했다 하더라도 아이와의 관계를 망치는 기미가 보인다면 엄마표 교육은 바로 멈추어야 합니다. 아이들에게 부모와 적절한 유대감을 형성하고 유지하는 것보다 더 우선인 것은 없기 때문입니다.

책상에 앉으면 갑자기 배가 아프다고 하고, 몸을 배배 꼬고, 어떻게든 그 순간을 피하려고 애쓰는 아이의 모습은 배움의 즐거움으로부터 점점 멀어질 때 나타나는 적신호입니다. 이런 경우에는 학습의 양과 난이도, 아이의 특성과 선호하는 수업 방식 및 교재 등을 종합적으로 고려해 엄마표 교육이 옳은 방향으로 흘러가고 있는지 전반적으로 재점검을 해야 합니다.

이렇게 살피고 조정했는데도 여전히 내켜 하지 않는 아이라면 과감하게 엄마표 교육을 내려놓으세요. 아이는 아직 받아들일 준비가 되지 않은 것입니다. 지금이 아니더라도 적절한 때 좋은 학습적 자극을 주는 사람을 만난다면 아이는 얼마든지 즐겁게 배울 수 있습니다.

더 일찍 시작하지 않았다는 이유로 끝까지 더 늦거나 뒤처지는 일은 절대 없습니다. 섣부른 기대와 조바심으로 인해 배움의 즐거움을 알지 못하는 성인으로 자라지 않도록 하는 것이 무엇보다도 중요합니다.

하루에
딱
한 장뿐이라고요?

공부를 잘하는 방법에 관해 이야기할 때 꼭 언급되는 몇 가지 주제가 있는데요, 그중 하나가 바로 '공부습관'입니다. 공부는 여러 가지 지식을 오랜 기간에 걸쳐 온전히 자신의 것으로 만들어가는 과정이기 때문에 벌이나 보상 없이도 꾸준히 정해진 몫을 해나갈 수 있도록 올바른 습관을 형성하는 게 매우 중요하지요. 문제는 이와 같은 공부습관을 만들어주기 위해 매일 해야 할 학습의 양을 정하고, 정해진 진도를 따르고 있

자기주도학습력을 키우는 5~7세 우리 아이 공부 정서

는지 체크하는 등의 방식을 지나치게 일찍 시작한다는 데에 있습니다.

○ 공부습관보다 중요한
기본생활습관

국어사전에는 '습관'을 '오랫동안 되풀이하여 몸에 익은 채로 굳어진 개인적 행동'이라고 풀이하고 있습니다. 아이들에게는 일상생활의 모든 것이 습관 형성의 대상입니다. 일정한 시간에 자고 일어나는 것부터 식사 전에 손 씻기, 신발을 벗은 후에는 가지런히 모아두기, 놀잇감은 스스로 정리하기, 대소변을 보고 나면 변기 물 내리기 등 생활 속 세세한 부분 하나하나까지 모두 되풀이하여 익혀야 하는 행동이지요. 이처럼 생활에 기본이 되며 영유아기에 반드시 배워야 하는 행동들을 '기본생활습관'이라고 부릅니다.

성인에게는 기본생활습관을 지키는 것이 당연하고 자연스러운 일이지만 아이에게는 새롭고 낯선, 그래서 의식적으로 기억하고 노력해야 하는 일입니다. 상당한 에너지가 소모된다는 뜻이지요. 그렇다 보니 아이들 대부분은 매일 기본생활습관을 익히는 것만으로도 상당한 피로감을 느껴요. 아이들이 처음 유치원에 입학하면 한동안 굉장히 짜증이 늘고 작은 일에도 예민하게 구는 모습이 나타나는데 이 역시 새롭게 익혀야 할 생활습관의 양이 갑자기 확 늘기 때문에 나타나는 반응입니다.

지금 시기에 가장 중요하고 필수적인 생활습관을 만드느라 애쓰고 있는 아이들에게 공부습관도 만들어야 한다며 매일 같은 양의 재미없는 학습을 반복적으로 해내도록 한다면 어떤 일이 생길까요? 공부는 나를 힘들고 고통스럽게 만드는 대상이라는 인식과 함께 책을 펼쳐보는 것조차 싫어질지도 모릅니다. 한 장이든 열 장이든 분량과는 무관하게요.

○ 초등학교에는 있는 숙제가 유치원에는 없는 이유

영유아기 발달의 가장 중요한 특성 중 하나는 바로 '적기성'입니다. 모든 발달에는 각 단계에 맞는 과업이 있으며 과업의 성공적인 수행을 위해서는 그에 맞는 적절한 자극과 경험을 제공해주어야 합니다. 여기에서 꼭 기억해야 할 것은 각 시기에 필요한 자극과 경험을 제공해주지 못하는 것뿐만 아니라 지나치게 앞서서 과도하게 많은 자극을 제공하는 것 또한 발달에 부정적인 영향을 미치는 원인이 될 수 있다는 것입니다.

초등학교에 입학하는 나이가 6세가 아닌 8세인 것도, 초등학교에는 있는 숙제가 유치원에는 없는 것도 바로 이러한 이유 때문입니다. 교육에 있어 유아기와 학령기는 분명히 구분되어야 하며 5~7세 아이들은 유치원 교육과정(누리과정)에, 초등학생은 초등교육과정에 기반하여 배우고 익혀야 해요. 초등학생에게 효과적인 학습법을 그대로 유아기 아이에게 적용하는 것은 매우 잘못된 방식입니다.

다수의 아이는 어렵고 힘들 뿐만 아니라 발달 수준에서도 적절하지 않은 초등 단계의 학습 방식을 '싫지만 어쩔 수 없이 버텨야 하는 것'으로 받아들입니다. 반면 학습지 몇 장 정도는 별 부담 없이, 심지어 재미있게 푸는 아이들도 있어요. 이 아이들이 모두 잘못된 방식으로 공부습관을 만들고 있는 건 아닙니다. 중요한 것은 특정 방법을 쓰느냐, 안 쓰느냐가 아니라 '그것을 할 때 아이가 어떤 마음으로 임하고 있는가' 하는 것이지요.

아이는 자신의 발달 수준에 맞게 생활 속에서 배우고 익힙니다. 또 자신이 살아가는 데 있어 우선순위가 되는 기본생활습관을 탄탄히 하기 위해 매일 반복하고 또 반복해요. 그러니 책상에 앉아 학습지를 풀며 공부습관을 만드는 연습은 잠시 미루어도 좋습니다. 공부습관의 중요성을 인식할 만큼 몸과 마음이 충분히 자라고 나면 아이들은 지금보다 훨씬 쉽고 편안하게 자신에게 주어진 학습 과정을 받아들일 수 있을 거예요.

결정적 시기에
관한
과신 혹은 맹신

영유아기에는 신체를 비롯해 인지, 정서, 사회성 등 아이의 모든 부분이 급격하게 발달합니다. 이때 눈에 띄는 발달의 특성은 '연속성과 누적성'이에요. 발달은 영역을 막론하고 쉼 없이 연속적으로 이루어지며, 이전 단계의 발달에 더하여 다음 단계의 발달이 누적되는 방식으로 이루어져요. 여러 아동 발달 전문가가 시기에 맞는 적절한 자극과 경험을 제공해야 한다고 강조하는 것 역시 이러한 이유 때문입니다.

이와 더불어 자주 다뤄지는 발달 개념이 바로 '결정적 시기'입니다. 결정적 시기란 인간의 발달에는 최적의 시기가 있으며, 이 시기를 놓치면 이후에는 제대로 발달이 이뤄지기 어렵다는 개념으로 동물행동학자 로렌츠에 의해 맨 처음 제시되었어요. 로렌츠는 청둥오리의 알을 둘로 나누고 한쪽은 어미 청둥오리가, 다른 한쪽은 자신이 부화시켰는데, 로렌츠가 부화시킨 새끼들은 그를 어미인 양 쫓아다니는 행동을 보였습니다. 생애 초기에 노출된 대상에 특별한 애착을 보이며, 이후에는 이러한 행동이 형성되지 않음을 발견한 것이지요. 다시 말해 청둥오리의 새끼가 애착을 형성하는 시기는 태어난 직후이며, 이 시기를 놓치면 애착을 형성하기란 불가능하다는 뜻입니다. 학자들은 이를 인간에게 적용하여 설명하고자 하였고, 지금은 교육과 학습 영역에서 주요하게 언급되는 개념으로 자리를 잡았습니다.

○ '결정적 시기' 마케팅에서 벗어나 '내 아이의 적절한 시기'로 눈 돌리기

로렌츠의 이론은 생애 초기 발달의 중요성을 강조했다는 점에서 의의가 있으나 결정적 시기를 지나치게 강조하여 이후 발달의 측면을 간과했다는 한계를 지니기도 합니다. 최근에는 유아기의 결정적 시기를 놓치더라도 발달은 멈추지 않고 계속되며 이후 적절한 자극을 통해 얼마든지 잘 발달할 수 있음을 보여주는 연구 결과들을 쉽게 찾아볼 수 있어요. 서울대 아동가족학과 최나야 교수님은 한 유튜브 영상에서 "아동학 분야에서는 결정적 시기라는 표현이 사라진 지 오래되었고, 어느 시점이든 아이의 발달을 절대적으로 결정짓는 시기는 없다."라고 이야기했습니다.

그런데도 교육 분야, 특히 사교육 분야에서는 여전히 결정적 시기를 중요한 키워드로 내세우고 있습니다. 이유가 무엇일까요? 결정적 시기를 이용하는 것이 자녀를 둔 부모의 불안을 자극하는 가장 좋은 '판매 전략'이기 때문입니다. 특히 유아기는 배움이 일어나는 첫 단계이니 더 공격적인 마케팅이 이루어집니다. "지금이 바로 결정적 시기이고, 지금을 놓치면 되돌릴 수 없다. 평생 뒤처질 수도 있으니 당장 시작해야 한다."라는 식으로요.

학습도서 시장도 이와 비슷합니다. 유·초등 아이들을 대상으로 책을 만드는 많은 교육 출판 회사의 판매 전략 중 한 축이 '불안을 자극하여 이 책을 사지 않을 수 없게끔 만드는 것'이거든요. 서점 학습서 코너에서 결정적 시기를 내세운 책들을 쉽게 찾아볼 수 있는 것도 같은 이유입니다. 재미있는 것은 제목에 들어가는 나이가 4세부터 시작해 초등학생, 중학생 시기까지 골고루 다 있다는 사실입니다. 이를 뒤집어 말하면 아이가 성장하고 발달하는 모든 시기가 다 결정적으로 중요한 시기라는 것이겠지요.

아동 발달에 있어 결정적 시기가 중요한 개념으로 작용하는 경우도 있습니다. 5세 이전 기초적인 신체적, 정서적, 인지적 발달에 문제가 있을 때입니다. 이런 경우에는 결정적 시기에 개입하여 치료하는 것이 향후 성장과 발달에 지대한 영향을 미치기 때문에 이 시기를 놓치지 않는 것이 매우 중요합니다.

그러나 '학습 영역에 있어 결정적 시기는 더는 존재하지 않는다'고 보아도 무방합니다. 중요한 것은 아이마다 발달의 차이가 있다는 걸 인지하고 내 아이를 기준으로 배움이 잘 이루어질 수 있는 적절한 시기를 찾는 것이지요. 적절한 시기는 아이의 말과 행동, 놀이와 활동 등을 가까이 들여다봄으로써 발견할 수 있습니다.

내 아이만의 고유한 발달 속도와 성향을 고려하지 않고 결정적 시기에 대한 맹신만으로 지나친 학습 자극을 제공한다면 배움이 이루어지는 것이 아니라 배움으로부터 등을 돌리는 결정적 시기가 되어버릴지도 모릅니다.

자기주도학습력을 키우는 5~7세 우리 아이 공부 정서

심심할
틈이 없는
아이의 뇌

육아에 대한 인식은 시대의 흐름에 따라 크게 달라졌습니다. 우리 부모님 세대만 하더라도 '아이는 알아서 잘 큰다.'라는 식의 육아관이 대세였다면 요즘은 '부모가 잘 키워야 아이가 잘 큰다.'가 보편적인 것 같습니다. 자녀를 기르는 데 양육자가 어떤 역할을 하느냐가 점점 더 중요하게 여겨지고 있다는 뜻이겠지요. 그런데 올바른 부모 역할을 '다양한 자극과 경험을 끊임없이 풍부하게 제공해주는 것'이라고 여기는 경우가 꽤 많습니다. 이러한 생각으로 인해 아이들은 끊임없이 외부로부터 새로운 정보를 받아들입니다. 심심할 틈이 없지요.

○ 구슬이 아무리 많아도
꿸 수 있는 시간이 없으면 무용지물

자극과 경험은 모두 외부에서 주어지는 정보로써 아이의 성장과 발달, 특히 인지 발달에 있어 반드시 필요한 요소입니다. 아이의 뇌는 이 정보를 '받아들이는 것(input)'뿐만 아니라 이 정보들을 서로 '연결(connect)'함으로써 새로운 지식을 창출하고, 자신의 지식을 다시 외부로 '끄집어내는(output)' 과정을 통해 가장 적절한 발달을 이루어냅니다.

이때 끊임없는 자극과 경험 제공은 아이의 뇌로 하여금 정보를 '받아들이는' 작업만을 반복하게 만듭니다. 쉴 새 없이 받아들이는 것만으로도 벅차서 그 정보들을 연결하고 끄집어 낼 여력이 없어지는 것이지요. 외부에서 받아들인 정보를 서로 연결하고 그것을 끄집어내는 과정까지 이어지도록 하려면 아이의 뇌가 '심심할 틈'을 주어야 합니다.

구슬이 아무리 많아도 꿰지 않으면 보배가 될 수 없습니다. 구슬을 주는 건 우리의 몫이지만 그것을 꿰는 건 아이의

자기주도학습력을 키우는 5~7세 우리 아이 공부 정서

몫이기에, 스스로 꿰어 자신만의 빛나는 작품을 만들 수 있도록 충분한 여유 시간을 주는 것이 필요합니다.

○ 심심한 시간이 만드는 창의적인 아이디어

뇌가 심심할 틈을 주어야 하는 또 다른 이유는 바로 창의성 때문입니다. 유아기는 창의적 사고의 발달이 활발히 이루어지는 시기로 많은 부모님이 아이의 창의성을 길러주는 교육에 관심을 가지고 있지요. 뇌과학을 연구하는 정재승 교수님의 말에 따르면 "창의적인 사고는 몰입의 순간뿐만 아니라 뇌가 쉬고 있을 때, 즉 완전히 '비목적적인 사고'를 할 때도 나타난다."라고 합니다. 아무 것도 생각하지 않고 있을 때 우리 뇌는 관련이 없는 것처럼 보이는 개념들을 서로 연결 지어보고 관련성을 찾아보며 그 속에서 새롭고 독특한 아이디어를 만들어낸다는 거예요.

아이들의 놀이 속에서도 이러한 모습을 쉽게 찾아볼 수 있습니다. 새로운 놀잇감을 처음 접했을 때 아이들은 대체로 놀잇감을 쉽게 예상되는 방식으로 활용합니다. 그러다 점차 놀잇감에 익숙해지고 나면 재미없다거나 지루하다는 반응을 보이는데 놀랍게도 이 시기가 넘어가면 이전과는 완전히 다른 새로운 방식의 놀이가 나타납니다. 종류가 다른 놀잇감과 혼합하여 구조물을 만든다거나, 기존에 사용하지 않았던 재료를 추가하는 방식으로요. 아이가 지루해한다는 이유만으로 새로운 놀잇감을 즉시 제공해준다면 아이는 이처럼 창의적인 방식으로 놀이할 기회를 놓치게 되는 겁니다.

아이는 본능적으로 재미를 추구하는 존재입니다. 그렇기에 심심한 것을 무엇보다도 싫어하지요. 심심한 시간이 주어지면 아이들은 어떻게 해서든 재미있고 흥미로운 것을 찾아내려고 합니다. 이렇게 심심함을 견뎌내는 과정을 통해 능동적으로 사고하고 주도적으로 행동하며 창의적으로 표현하는 법을 배워요.

심심함을 견디는 방법에 정해진 답은 없습니다. 아이가 스스로 기발한 놀이 방법을 찾을 때까지 기다리며 지켜볼 수도 있고, 때로는 양육자가 먼저 "엄마 심심한데 뭐 재미있는 놀이 없을까?" 하며 아이의 생각을 유도해볼 수도 있지요.

아이가 심심한 시간을 너무 힘들어한다면 아이와 양육자가 함께 놀이 재료를 찾아보는 것도 좋은 방법이에요. 이때 정형화된 장난감보다는 줄, 컵, 종이, 천, 그릇 등 다양한 방법으로 놀이할 수 있는 재료들을 모으는 것이 창의적인 놀이를 펼치는 데 도움이 된답니다.

자기주도학습력을 키우는 5~7세 우리 아이 공부 정서

그러니 이제부터는 이 심심한 시간을 아이와 함께 견뎌보는 건 어떨까요? 새로운 장난감을 사주고 신기한 경험을 해보게 하는 것도 좋지만 때로는 아이가 심심할 틈을 누릴 수 있도록 곁에서 기다려주는 것 역시 아이의 성장을 이끄는 부모의 역할일 테니까요.

준비 없이
마라톤 대회
출발선에 선 아이

많은 사람이 공부를 마라톤에 비유하곤 합니다. 학령기의 시작인 초등학교 때부터 고등학교까지 12년의 세월을 달려 '대학 입시'라는 결승점에 도달하는 것이라고 하면서요. 그렇다면 유아기 아이는 이 마라톤 대회에서 어느 지점에 있다고 할 수 있을까요? 가볍게 몸을 풀고 있는 순간? 출발선에 서 있는 순간? 아니면 이미 출발 신호를 받아 달리고 있는 순간? 저는 '엄마 손을 잡고 막 경기장으로 들어오는 순간'이라고 생각합

자기주도학습력을 키우는 5~7세 우리 아이 공부 정서

니다. 이곳에서 무슨 일이 일어나는지, 자신이 여기에서 무엇을 해야 하는지 전혀 모른 채로요.

아이의 눈에 비친 경기장의 모습은 이 대회에 대한 첫인상을 결정짓는 아주 중요한 역할을 합니다. 흥겨운 음악이 흘러나오고, 기대로 들뜬 밝은 표정의 사람들이 보이고, 맛있는 음식들이 준비된 모습이라면 아이는 이곳에서 뭔가 재미있는 일이 일어날 것 같은 설렘을 느낄 겁니다. 자신도 이 흥겨운 잔치에 참여하고 싶어질 테고, 이 과정에서 자연스럽게 관람객에서 참여자로 변화합니다. 스스로 배번호를 달고 운동화 끈을 조이고 적당히 몸을 푼 후, 준비되었을 때 출발선에 섭니다.

한편 경기장의 분위기를 파악할 새도 없이 출발선에 세워지는 아이도 있습니다. 엄마는 아이에게 배번호를 달아주며 이야기해요. "이제부터 달리기를 시작할 거야. 긴 거리를 오랫동안 달려야 해. 그러기 위해선 조금이라도 빨리, 앞서서 출발하는 게 좋아. 자, 가자." 이 아이는 자신이 얼마나 오래 달려야 하는지, 무엇을 위해 달려야 하는지 아무것도 알지 못한 채 경주를 시작합니다.

두 아이의 경주는 어떻게 펼쳐질까요? 100m까지는 대체로 후자의 아이가 앞서갈 겁니다. 먼저 출발했으니 당연하겠지요. 하지만 안타깝게도 이것은 여기에서 마치는 단거리 경주가 아닙니다. 끝이 보이지 않을 만큼 많은 거리가 아직도 남아 있어요. 얼마 지나지 않아 준비가 되지 않은 아이의 몸에선 과부하 신호를 보낼 것이고 이유도 모른 채 누군가의 손에 이끌려 시작한 달리기는 점차 동력을 잃어갈 것입니다. 그러다 어느 순간 이유 없이 제자리에 멈춰 설지도 모릅니다. 생각해보면 이상할 것도 없지요. 애초부터 이유를 모른 채 시작한 달리기였으니까요.

○ 무작정 빨리 가기, 앞서가기의 결말

두뇌 발달이 급속도로 이루어지는 유아기가 학습능력 형성에 있어 매우 중요한 시기인 건 분명합니다. 이를 알기에 저 역시 10년이 넘는 시간 동안 이 시기 아이들이 어떻게 발달하며 성장하는지를 공부하고 있는 것이고요.

하지만 아무리 중요하다 하더라도 아이의 삶 전체를 놓고 보면 극히 일부의 시간일 뿐입니다. 아이는 아무것도 모르고 경기장에 들어서지만 아이의 손을 잡고 있는 우리는 큰 그림을 볼 수 있어야 해요. 결승점이 어디에 있는지, 어떤 코스로 이루어져 있는지, 아이가 힘들어할 만한 구간은 어디인지

자기주도학습력을 키우는 5~7세 우리 아이 공부 정서

를 체크하고 나면, 비로소 지금 무엇을 해야 하는 때인지 보일 겁니다. 엉뚱한 타이밍에 힘을 다 빼느라 제대로 된 결과를 얻지 못하는 안타까운 상황은 생기지 않겠죠.

"우리 애가 초등학교 때까지는 공부도 잘하고 똑똑했는데 중학교 올라가더니 성적이 확 떨어지기 시작하더라." 주변에 중고등학생 자녀를 키우고 있는 부모님이 있다면 한 번쯤 들어봤을 법한 이야기입니다. 제가 대학생 때부터 졸업 후 전업 과외 교사로 일할 때까지 100명 가까이 되는 중고등학생을 가르치면서 학부모님으로부터 가장 많이 들은 말도 바로 이것이었고요.

초등학교에서 우등생이었던 아이들이 상급 학교에서 두각을 내지 못하는 가장 큰 이유 역시 유·초등 시기에 적합한 과업의 수준을 제대로 설정하지 않고 성급하게 속도를 냈기 때문입니다. 이 시기에 배움의 즐거움을 경험해 본 아이들만이 이후 어렵고 힘든 과제를 마주하더라도 '끝까지 붙잡고 풀어냈을 때의 성취와 쾌감'을 생각하며 버틸 수 있거든요.

그러니 이제 막 자기의 힘으로 세상을 배우고 느끼고 경험하는 아이들에게 조금이라도 더 빨리, 더 많은 것을 소화하게 하려고 재촉하지 마세요. 많은 시간이 흘러 결국 아무짝에도 쓸모없는 일이었다는 사실을 깨닫기에는 한 번뿐인 우리 아이들의 삶은 너무나 귀하고 소중합니다.

아이의 공부 정서,
부모가 도와주어야
하는 것들

엄마표 교육만이 가진
특장점
살리기

앞에서는 잘못된 엄마표 교육의 위험성에 대해 이야기했습니다. 그런데 사실 엄마표 교육만이 지닌 나름의 장점 또한 상당히 많기 때문에 제대로 이루어지기만 한다면 그 어떤 방법보다도 더 나은 교육적 효과를 기대할 수 있어요.

엄마표 교육의 가장 큰 장점은 아이의 발달 특성과 수준에 맞게 속도와 방향을 조절하며 나아갈 수 있다는 점입니다. 아이에 대해 누구보다 잘 아는 주양육자와 함께하기에 가능한 일이지요. 또한 일 대 다수의 구조로 이루어지는 기관에서의 교육과는 달리 엄마표 교육은 오직 엄마와 아이, 일 대 일로 이루어지기에 아이의 개별성과 고유성을 충분히 수용할 수 있습니다.

엄마표 교육이 가진 또 다른 강점은 일상생활 속 경험과 연계하여 자연스럽게 학습이 이루어질 수 있다는 것입니다. 이는 형식적 지식보다 비정형화된 암묵적 지식을 습득하는 것에 더 능숙한 영유아기 자녀에게 특히 유용하지요.

잠자리에서 함께 읽은 그림책 속 어휘로 끝말잇기 하기, 차를 타고 이동하는 시간에 영어 노래를 듣고 따라 흥얼거리며 영어 발음과 표현을 친숙하게 하기, 간식으로 먹는 과일이나 과자의 수를 세어보고 수량 비교하기 등 교육을 위한 시간을 따로 확보하거나 학습 교재를 준비하지 않더라도 생활 속 모든 장면이 학습의 기회가 됩니다. 더 나아가 책에서 본 역사 유적지를 가족여행으로 직접 가 본다거나, 아이가 관심을 보이는 특정 소재가 있다면 그와 관련된 박물관, 전시회 등을 관람해보는 시간을 가져보는 것도 엄마표에서만 할 수 있는 효과적인 교육 방법입니다.

○ 엄마표 교육에서 엄마의 역할은
티칭이 아닌 서포팅

이처럼 다양한 장점을 지닌 엄마표 교육, 그 효과를 제대로 얻기 위해 가장 중요한 것은 무엇일까요? 바로 양육자가 '선생님의 자리에 서지 않는 것'입니다. 아이들은 교육기관이나 학원에서 가르치는 사람의 진행을 따라가기에 바쁩니다. 심지어 재미있게 상호작용하며 배울 수 있다고 하여 유아기부터 많이 쓰이고 있는 패드형 학습에서도 매 단계를 이끌어가는 것은 프로그램이지 아이가 되진 않습니다. 가르치고 배우는 과정에 있어 주도권을 아이에게 넘겨주지 않는다는 것이지요. 이 관계를 뒤집을 수 있는 유일한 교육 방식이 바로 엄마표 교육입니다. 아이가 궁금해하는 것, 알고 싶어 하는 것, 어려워하는 것이 무엇인지를 바로바로 알아차리고 그것을 배울 수 있도록 '지원'해주는 역할을 할 수 있어요.

가르치는 역할을 잘하는 사람은 당연하게도 가르치는 일을 하는 선생님일 수밖에 없습니다. 이 역할을 엄마가 대신한다면 선생님보다 더 훌륭하게 '티칭'할 수 있을까요? 아마 매우 어렵겠지요. 대신 엄마표만의 고유한 장점인 '서포팅'에 목적을 두면 어떨까요.

엄마의 서포팅을 받은 아이는 자신의 주도하에 궁금한 것을 해결하고 반복적으로 익히며 숙달하는 과정에서 진정한 '자기주도학습의 첫맛'을 경험하게 됩니다. 그리고 '내가 알고 싶었던 문제의 답을 내 힘으로 찾았다!'라고 느끼지요. 바로 이 순간의 성취감과 성공 경험이 문제해결력 및 자기효능감에 긍정적 영향을 미치고 유아기 '공부 정서'가 성공적으로 뿌리내리는 데 가장 핵심적인 역할을 합니다.

몇 년 전 한 연예인의 자녀가 서울대학교에 입학하여 한동안 뉴스에 자주 등장하던 적이 있었습니다. 그중 한 인터뷰에서 자녀가 "저희 부모님은 제가 공부하는 것에 크게 관심을 보이지 않으셨고, 알아서 잘할 거라 믿어주셨던 것 같아요."라고 말하자 옆에 있던 아버지가 씨익 웃으며 말하더군요. "그런 줄 알고 있지? 네가 스스로 공부하고 있다고 생각하도록 만들려고 보이지 않는 곳에서 엄청 애를 썼단다."

아이가 더 많은 것을 배우고, 이왕이면 학습적으로 우수한 평가를 받는 사람이 되기를 바라는 마음은 양육자로서 어쩌면 당연한 것일지도 모릅니다. 저 역시 '엄마 모드'로 아이들을 바라보면, 내 눈에 좋아 보이는 것을 아이 손에 쥐어주고 따라오게끔 만들고 싶은 욕구가 스멀스멀 올라오니까요. 바로 이 지점에서 우리의 노력이 필요합니다.

책이든 교구든 괜찮아 보이는 게 있으면 아이 주변에 슬그머니 놓아두되, 그걸 잡느냐 마느냐의 선택권은 아이에게 주세요. 답답하고 초조해도 참으세요. 싹을 틔우는 것은 식물을 키우는 사람의 몫이 아니라 씨앗의 몫입니다.

자신의 욕구에
역행할 수 있는
힘 기르기

누군가 여러분에게 '공부 잘하는 아이들의 특징' 중에 가장 중요한 것이 무엇인지 묻는다면 뭐라고 답하시겠어요? 정답이 있는 것이 아니므로 여러 가지 답이 나올 수 있을 겁니다. 저라면 이렇게 이야기하겠어요. "하기 싫어도, 해야 하는 일이라면 해낸다. 하고 싶어도, 하지 말아야 하는 것이라면 하지 않는다."

상황에 맞게 또는 필요에 따라 자신의 욕구에 역행할 수

자기주도학습력을 키우는 5~7세 우리 아이 공부 정서

있는 힘을 가지고 있는 아이들이 결국 학업에서도 장기적으로 좋은 성과를 냅니다. 주의해야 할 것은 유아기 발달 수준에 맞지 않는 선행이나 과도한 양의 학습은 이러한 힘을 키우는 데 전혀 도움이 되지 않는다는 것입니다. 오히려 부담감과 압박감에 압도되는 경험만을 제공할 뿐이지요. 어른들도 그렇잖아요. 아무리 봐도 도저히 내가 감당할 수 없을 것 같은 과제가 나에게 주어지면 움찔하며 뒤로 물러서게 되지 해보자는 마음으로 덤비기가 쉽지 않습니다. 아이들도 마찬가지예요.

그렇다면 유아기 아이들이 자신의 욕구에 역행하는 힘을 키울 수 있는 방법은 무엇일까요? 답은 바로 '존중하는 방법'을 배우는 것에 있습니다. 사실 존중은 인성 교육에서 가장 강조하는 덕목 중 하나라 자주 들어보았을 텐데요. 하지만 막상 가정에서 아이들에게 존중하는 법을 가르친다고 하면 어떤 방법으로 접근해야 할지 머릿속에 떠올리기가 쉽지 않습니다.

○ 존중의 세 가지 대상. 자신, 타인, 그리고 상황

'존중'의 사전적 의미를 찾아보면 '높이어 귀하게 대함'이라고 풀이되어 있습니다. 무엇을 높이고 귀하게 대해야 할까요? 그 대상은 바로 자신, 타인, 그리고 상황입니다.

아이들이 가장 첫 번째로 존중해야 할 대상은 바로 '자기 자신'입니다. 자신을 존중할 줄 안다는 것은 나에게 해가 되는 것은 피하고 도움이 되는 것은 취할 수 있다는 뜻입니다. 건강에 좋지 않은 간식이라면 더 먹고 싶은 마음이 들어도 참고, 자기 전 양치질이 귀찮더라도 그 마음을 이기고 욕실로 향하는 것. 또 어떤 일을 할 때 자신이 생각한 결과가 나타나지 않더라도 자신을 믿고 한 번 더 시도해보는 것. 자신을 존중할 줄 아는 아이들에게서 찾아볼 수 있습니다.

두 번째 존중의 대상은 '타인'입니다. 내가 하고 싶은 것이 있더라도, 혹은 내가 하기 싫은 일이 있더라도 상대방을 위해 그 마음을 내려놓을 수 있는 힘이지요. 내가 좋아하는 놀잇감을 친구가 필요로 할 때, 나는 장난을 친 건데 친구가 불편해할 때, 자신과 친구를 동등한 위치에 두고 서로에게 불만이 생기지 않을 만한 대안을 찾으려고 노력함으로써 타인을 존중하는 법을 배울 수 있습니다.

마지막으로 세 번째 존중의 대상은 '상황'입니다. 상황에 대한 존중이라니 낯설게 느껴질 수 있을 텐데요. 그런데 자신이 처한 상황을 존중하고 그에 맞게 욕구와 행동을 조절할 줄 아는 능력은 사회적 인간으로서 삶을 영위하는 데 아주 중요한 요소로 작용합니다. 그네를 더 많이 타고 싶지만 친구들이 길게 줄을 서서 기다리는 상황이라면 그네에서 내려올 수 있고, 친구와 같이 이야기를 나누고 싶은데 수업 중인 상황이라면 말을 걸지 않을 수 있으며 내가 싫어하는 종류의 활동이라도 하기 싫다고 말하는 대신 한번 시도해볼 수 있다면 상황에 대한 존중을 아주 잘 해내는 아이라고 할 수 있습니다.

세 가지 대상을 존중하는 법을 배우는 과정에서 욕구를 역행하는 힘이 길러진다는 것이 확연히 느껴지시지요? 한 가지 덧붙이자면 존중을 잘하기 위해서는 존중을 받아보는 것만큼 효과적인 게 없습니다. 아이의 의견을 잘 들어주고, 섣불리 판단하지 않으며, 존중하는 태도를 보이는 것. 부모로서 아이에게 존중을 가르치는 과정은 바로 여기에서부터 시작합니다.

놀이 속 배움을 극대화하는 효과적인 개입 방법

앞서 영유아 시기에 놀이가 얼마나 중요하고 효과적인 역할을 하는지 살펴보았습니다. 그런데 아이의 놀이를 대하는 양육자로서는 그저 아이의 놀이를 지켜보는 것만으로 충분한지, 적절하게 놀이에 개입해서 아이에게 무엇이라도 하나 더 가르쳐야 하는 건 아닌지 의문이 들기도 해요. 실제로 어떤 경우에는 혼자 놀거나 또래끼리 어울려서 놀 때보다 성인의 개입이 놀이를 더욱 풍성하게 만들고 확장시키는 효과가 있

자기주도학습력을 키우는 5~7세 우리 아이 공부 정서

기도 합니다. 이번 장에서는 놀이에 개입하는 방식을 크게 네 가지로 나누어 살펴보고, 각 방식을 어떻게 활용해야 하는지 알아보겠습니다 .

○ 직접적인 개입 없이
놀이 지켜보기

첫 번째 방법은 적당한 거리에서 아이의 놀이를 지켜보며 관찰하는 것입니다. 아이들은 부모가 지켜보고 있다는 사실만으로도 자신의 놀이가 가치 있다고 느끼며 편안해합니다. 아이를 향해 미소를 띠거나 고개를 끄덕이는 등의 비언어적 표현으로 상호작용할 수 있고, 때로는 아이의 행동을 있는 그대로 말로 표현해줄 수도 있어요. "○○이가 의사선생님이구나.", "지금 음식을 만들고 있구나." 이런 식이지요. 놀이 이론에서는 '비지시적 진술(non-directive statement)'이라는 용어를 사용하는데 아이들에게 엄마, 아빠가 자신의 놀이를 있는 그대로 인정하고 존중하고 있다는 느낌을 가지게 하는 효과가 있답니다.

○ 놀이 참여자(co-playing)로서 함께 놀이하기

두 번째는 아이가 진행하고 있는 놀이 활동에 직접 참여하여 함께 놀이하는 방법입니다. 이때 양육자는 놀이 참여자로서 아이와 함께 공동 놀이를 진행하는데, 주의할 점은 놀이를 주도하는 역할은 아이에게 있으며 양육자는 이에 따르는 위치에 있어야 한다는 것입니다. 이는 아이의 자율적인 놀이를 지지하고 지원하는 효과가 있어요. 아이에게 질문을 하거나 새로운 놀이 방식을 제안할 수는 있지만 그것에 대한 선택은 아이의 몫으로 남겨둡니다.

○ 적극적으로 개입하고 주도하기

아이가 어떻게 놀이해야 할지를 몰라서 놀이가 진행되지 않거나, 오랫동안 똑같은 놀이 수준만 반복할 경우 양육자가 새로운 놀이 주제를 제안하거나 주도하는 방식의 개입이 필요합니다.

먼저 적절한 행동의 시범을 보이거나 말로 표현하는 방법을 알려줌으로써 놀이를 직접적으로 지도할 수 있고, 권유

형의 질문을 통해 아이가 새로운 놀이 방식을 발견하고 선택할 수 있도록 도움을 줍니다. 다만 이 방법을 지나치게 사용하면 놀이에 대한 흥미와 자율성을 떨어뜨릴 수 있어요. 또한 놀이를 시작하고 진행함에 있어 양육자에게 지나치게 의존하게 될 수 있으므로 꼭 필요한 경우에만 주의해서 사용해야 합니다.

○ 놀이를 교수·학습의 매체로 활용하기

마지막 방법은 교수·학습의 목표를 달성하기 위해 효과적인 수단으로 놀이를 활용하는 것입니다. 교수·학습이란 교육학 분야에서 주로 사용하는 용어로 '교사가 가르치는 활동을 통해 학생이 무언가를 배우게 되는 일련의 과정'을 의미하는데요. 이 과정에서 놀이를 잘 활용한다면 비교적 지루하지 않게 특정한 지식이나 정보를 제공할 수 있어요. 아이가 블록으로 자동차 놀이를 하고 있을 때 "여기에 자동차가 몇 대가 있지?"라든지, 병원 놀이를 하는 아이를 보며 "갑자기 몸이 아플 때는 몇 번으로 전화해야 할까?"라는 식의 질문을 자주 한다면 이 유형의 놀이 개입을 주로 사용하는 양육자라고 볼 수 있습니다. 이 역시 과도하게 사용할 경우 놀이의 흐름을 끊고 흥미와 재미를 반감시키는 효과가 크기 때문에 지나치지 않도록 조절해야 합니다.

앞의 네 가지 상황은 모두 같은 놀이 장면처럼 보이지만 아이들은 그렇게 생각하지 않습니다. 성인의 개입 정도가 높은 놀이일수록 충분히 놀았다는 충족감은 떨어져요. 특히 마지막 유형의 경우 아이들에겐 놀이로 인식되지 않는 경우도 많고요. 충분히 놀이 시간을 준 것 같은데 아이는 조금밖에 못 놀았다고 속상해하는 일이 반복되나요? 혹은 실컷 놀아줬는데 "언제 놀 수 있어요? 이제부터 놀아도 돼요?"라고 묻나요? 그렇다면 그 놀이의 중심과 주도가 누구에게 있었는지를 살펴봐야 해요. 성인의 개입 정도가 지나치게 높다는 뜻이니까요.

'체력이 국력'이란 말은 옛말, 지금은 '체력이 학습력'

사람이 가장 많이 몸을 움직이고 에너지를 소비하는 시기가 언제일까요? 바로 영유아기입니다. 특히 유아기에는 이전 발달 단계에서 미숙했던 신체 기능과 신체를 움직이고 조절하는 능력이 급격히 상승하면서 아주 다양한 신체 놀이와 활동이 가능해져요. 다시 말해 유아기에 몸을 마음껏 움직이는 경험을 충분히 하지 않으면 이후에는 그럴 기회와 시간을 가지기가 매우 어렵다는 뜻입니다.

그 중요성을 알기에 유치원 교육과정에서는 '바깥놀이'의 중요성을 강조하며 가능한 매일 1시간 내외로 바깥에서 신체를 활용한 놀이 시간을 가질 것을 권하고 있어요.

그러나 현실적으로 바깥 활동에 대한 제약이 너무나도 많습니다. 봄, 가을에는 미세먼지가 있어서 나가기 힘들고, 여름에는 너무 더워서 혹은 장마가 와서, 겨울에는 너무 춥고 감기에 걸릴 위험 때문에 바깥 활동을 자제하지요. 또는 날씨는 문제가 없지만 교실에서 진행해야 하는 활동과 행사들 때문에 나가지 못하기도 합니다. 이런저런 이유로 안 되는 날짜를 제하면 실제로 바깥 놀이를 할 수 있는 날은 생각보다 많지 않습니다.

아이들 대부분은 방과후과정(일반적으로 유치원 일과는 오전 9시부터 오후 1시까지 교육과정, 오후 1시 이후부터 4시까지는 특성화 활동 프로그램과 돌봄 중심인 방과후과정으로 나뉘어 운영됩니다.)에 참여하다 보니 4시 전후로 하원을 하고, 하원 후 학원까지 마치면 어느새 저녁 시간이 되어버려요. 이처럼 하루 중 많은 부분을 앉아서 보내기 쉬운 아이들을 위해 우리는 바깥에서 뛰어놀 수 있는 충분한 시간을 신경 써서 확보해야 합니다.

자기주도학습력을 키우는 5~7세 우리 아이 공부 정서

◦ 장거리 경주를 위해 가장 중요한 것, 체력

앞서 이야기했듯이 아이들이 성장하며 겪어야 할 학업의 과정은 장거리 경주와 비슷합니다. 장거리 경주를 성공적으로 마치기 위해서는 두 가지를 반드시 기억해야 해요. 초중반 자신의 상태에 맞는 적절한 페이스를 유지하는 것, 그리고 후반 이후부터 결승점을 통과하기까지 온 힘을 모아 뒷심을 발휘하는 것. 이 뒷심을 기르는 데 가장 중요한 역할을 하는 것이 바로 '체력'입니다. 초중반의 레이스 동안 에너지를 소비하고도 막판 스퍼트를 낼 힘이 남아 있느냐가 승패에 결정적인 영향을 미치기 때문입니다.

체력을 키울 수 있는 가장 좋은 시기가 바로 지금, 유아기부터 초등 저학년까지입니다. 이때는 시간적 여유가 가장 많은 시기일 뿐만 아니라 신체 기능 향상에 맞추어 근력, 지구력, 순발력 역시 함께 향상시킬 수 있어요. 가히 체력 향상의 황금기라고 해도 과언이 아닙니다. 탁 트인 공간에서 자유롭게 몸을 움직이는 경험을 자주 해보는 것, 한두 종목의 운동을 꾸준히 배워 신체 기능을 익히고 조절하는 연습을 반복하는 것 모두 기초 체력 향상에 많은 도움이 됩니다.

○ 몸을 움직일 때 이루어지는
정서 발달, 뇌 발달

　신체 기능의 향상은 단지 신체적 효과에만 머무르지 않습니다. 환경 변화에 대응하며 다양한 정신적 스트레스를 견디는 것에도 영향을 미쳐요. 우울증 환자에게 약물과 더불어 꼭 같이 처방되는 것이 바로 '햇빛 쬐며 걷기'라고 하지요. 그만큼 몸을 움직이는 것이 긍정적 정서 형성에 도움이 되기 때문입니다.

　또한 뇌과학 연구에서는 신체 활동이 뇌의 성장 및 학습 능력 발달에 많은 영향을 미친다는 것이 이미 오래전부터 밝혀져왔습니다. 몸의 움직임이 두뇌의 신경계를 자극하여 산소를 공급해주며 뉴런의 성장 및 뉴런 간 시냅스의 형성을 촉진하는 물질이 분비될 수 있게 하는 것이지요. 특히 유아기는 뇌의 가소성(환경이나 경험에 따라 뇌가 변화하고 적응할 수 있는 특성)이 높기 때문에 뇌 발달에 있어 매우 중요한 시기이기도 해요. 따라서 정서 발달뿐만 아니라 뇌 발달을 위해서도 우리는 아이들이 자발적인 신체 활동의 기회를 최대한 많이 가질 수 있도록 지원해주어야 합니다.

도전은 나의 힘!
최적의 도전 과제
만들기

유치원 현장에서 여러 명의 아이와 함께 활동을 진행하다 보면 몇 가지 눈에 띄는 현상을 발견할 수 있습니다. 잘 안되어도 많은 아이가 계속해서 시도하고 도전하는 활동이 있는 반면 몇 번 해보고는 금방 포기하고 돌아서는 활동이 있다는 것이지요. 이 둘 사이에는 어떤 차이가 있기에 이렇게 서로 다른 결과로 이어지는 것일까요?

저명한 인지심리학자 레프 비고츠키는 학습자가 스스로

흥미를 느끼고 도전하고자 하는 욕구가 생기는 과제들을 '근접발달영역(ZPD, Zone of Proximal Development)'이라는 개념으로 설명하였습니다. 근접발달영역이란 개인이 '도움을 받지 않고도 스스로 해낼 수 있는 과제의 수준'과 '도움을 받아야만 해낼 수 있는 과제의 수준' 간의 차이를 말합니다.

예를 들어볼까요? 한 아이가 놀잇감의 개수를 세고 있다고 합시다. 혼자서는 5개까지 셀 수 있고, 다른 사람의 도움을 받으면 10까지는 세어볼 수 있어요. 그러나 도움을 받더라도 10을 넘어선 숫자는 세지 못한다고 합니다. 그렇다면 이 아이의 근접발달영역은 '6부터 10까지 수세기'가 되겠지요. 아이에게 주어지는 과제의 수준이 이 영역과 일치할 때 가장 효과적인 학습이 이루어집니다. '1~5 수세기'는 지루할 것이고, '10~20 수세기'는 불가능함을 느껴 포기할 가능성이 높을테니까요.

이처럼 지루함과 불가능함 사이에 있는 수준의 과제, 조금의 도움을 받으면 성공할 수 있을 것처럼 보이는 활동에 아이들은 훨씬 더 많이 도전하고 시도하는 모습을 보입니다. 바로 이때 능동적인 학습이 활발하게 이루어지는 것이고요.

자기주도학습력을 키우는 5~7세 우리 아이 공부 정서

◦ 도전은 '하고 싶은 마음'에서부터 시작합니다

근접발달영역을 파악하는 것과 더불어 또 한 가지 중요한 것은 아이 스스로가 자신에게 주어진 과제에 도전하고자 하는 욕구를 가질 수 있도록 하는 것입니다. 성인의 경우 책임감과 의무감이 자신에게 주어진 일을 해내는 데 상당한 영향을 미칩니다. '해내야 한다'는 마음이지요. 반면 유아기 아이들을 움직이는 힘의 상당 부분은 '하고 싶다'는 동기로부터 나와요. 이 마음이 있어야만 스스로 도전해보고, 잘 안되더라도 또다시 시도할 수 있어요.

빅 블록을 높이 쌓아 허들처럼 뛰어넘기 놀이를 하는 아이들을 보면, 넘을 수 있을 듯 말 듯, 몸에 닿을 듯 말 듯한 높이를 시도할 때 가장 많이 웃고 즐거워합니다. 블록이 넘어지면 매우 아쉬워하며 다시 세워서 여러 번 시도하지요. 만약이 과정을 여러 번 반복해 어려움 없이 넘을 수 있게 되면 어떤 일이 생길까요? 그대로 높이를 유지하는 대신 블록을 1칸더 높이 올리는 것을 선택합니다. 그리고 또다시 아슬아슬한 경기를 즐겨요. 누구도 시키지 않았는데 말이지요.

아이들은 태생적으로 성장을 추구하는 존재입니다. 그리고 그 성장의 대부분은 다양한 방식의 도전을 통해 이루어지지요. 도전 수준이 적절하다면 어떤 과제가 주어져도 완수할 수 있는 잠재력 또한 지니고 있습니다. 적절한 수준의 도전 과제를 찾고 싶다면 시간을 가지고 아이의 모습을 찬찬히 살펴보세요. 해답의 실마리가 떠오를 거예요. 그래도 잘 모르겠다고요? 다섯 번 도전했을 때 세 번 성공, 두 번 실패하는 정도의 비율이라면 대략 도전해볼 만한 과제랍니다.

[PART 2]

5~7세에
시작하는
우리 아이
첫 공부

5~7세에 시작하는 우리 아이 첫 공부

유치원 교육과정에
대하여

유치원에서 시행하는 교육과정

자녀를 유치원에 보내는 부모님들이 가장 궁금해하는 것 중 하나는 '유치원에서는 도대체 무엇을 배우는가?'입니다. 봄꽃 이름을 읊거나 동요 노랫말을 흥얼거리는 걸 보면 뭔가를 하는 것 같기는 한데, 그렇다고 해서 딱히 뭘 배웠다고 콕 집어 말하기엔 좀 애매해요. 초중고 교육과정처럼 교과서가 있는 것도 아니고, 진도에 맞춰 지식을 습득하는 것도 아니다 보니 배움의 과정이 눈에 잘 드러나지 않습니다.

하지만 유치원에도 '국가 수준의 공통 교육과정'이 존재합니다. '국가 수준'이라는 건 초중고 교육과정과 마찬가지로 '국가가 주체가 되어 제정하고 공포하는 교육과정'이라는 의미입니다. 유치원 교육과정이라고 칭하기는 했지만 정식 명칭은 '누리과정'인데요, 유치원뿐만 아니라 어린이집에 다니는 동일 연령 유아에게도 공통으로 적용되는 교육과정입니다. 즉 교육기관에 다니고 있는 모든 5~7세 아이들은 국가가 정한 공통 교육과정의 목표와 내용에 따라 교육을 받게 되며, 이러한 큰 틀 안에서 각 기관들은 고유한 교육 철학에 따라 자신만의 방식으로 교육 활동을 운영하는 것이지요.

앞서 유치원 교육과정이 상위 학교와 동일한 국가 수준의 교육과정이라고 말씀드렸는데요, 유아기 아이들만의 고유한 발달 특성을 고려하여 차이를 둔 부분도 존재합니다. 유치원 교육과정의 대표적인 몇 가지 특징을 살펴보겠습니다.

○ 초중고는 '교과목', 유치원 교육과정은 '영역'

초등학교부터 고등학교까지의 교육과정에는 배워야 할 내용들이 '교과목'으로 나누어져 있는데요, 유치원 교육과정

5~7세에 시작하는 우리 아이 첫 공부

에서는 교과목이란 말 대신 '영역'이라는 용어를 사용합니다. 영역은 신체 운동·건강, 의사소통, 사회관계, 예술 경험, 자연 탐구로 구성되어 있어요. 이 5개 영역을 우리가 잘 아는 일반 교과목과 연결해본다면 대략 다음과 같이 나눌 수 있을 겁니다.

1. 신체·운동 건강 영역: 체육, 보건(초 1~2: 바른 생활)

2. 의사소통 영역: 국어, 문학

3. 사회관계 영역: 사회, 도덕(초 1~2: 바른 생활)

4. 예술 경험 영역: 음악, 미술(초 1~2: 즐거운 생활)

5. 자연탐구 영역: 수학, 과학, 환경(초 1~2: 슬기로운 생활)

* '바른 생활', '즐거운 생활', '슬기로운 생활'은 초등 1, 2학년에만 있는 통합 교과입니다. 초등학교 1학년 교과서의 경우 1학기 '학교, 사람들, 우리나라, 탐험', 2학기 '하루, 약속, 상상, 이야기'로 나누어져 있어요.

그리고 5개 영역에 포함되진 않았지만 유치원을 비롯해 일상생활 속에서 지켜야 할 여러 가지 행동 양식인 '기본생활습관'을 배우고 익히는 것 또한 매우 중요한 부분을 차지합니다. 제시간에 등원해 유치원 일과를 따르는 것, 올바른 식습관, 배변 처리 등이 기본생활습관의 대표적인 예라고 할 수 있어요.

다음으로 초중고 교육과정에는 교과서와 수업 시수(과목당 정해진 수업 시간)가 있지만, 유치원 교육과정에는 없어요. 초등학교부터는 과목별 교과서가 있고 교과서의 내용을 주당 수업 시수에 따라 배웁니다. 그런데 유치원은 1일 4~5시간을 기준으로 교육과정을 편성한다는 기준만 있을 뿐 각 영역별 시수를 어떻게, 얼마나 배분하는지는 정해져 있지 않아요. 또한 교사가 사전에 계획한 내용을 아이들에게 가르칠 때 '수업' 대신 '활동'이라는 표현을 사용합니다.

초등학교 수업은 한 교시에 40분 동안 한 과목을 배우는데, 유치원에서는 하나의 활동 속에서 여러 영역의 학습이 동시에 이루어지는 경우가 많습니다. 활동 시간은 아이들의 집중력을 고려해 20~30분 내외로 진행되지만 이 역시 고정된 것은 아니에요.

또 한 가지 중요한 특징은 교사가 계획한 활동뿐만 아니라 아이들이 주도적으로 자유롭게 놀이하는 시간 속에서도 5개 영역에 관한 학습이 끊임없이 이루어진다는 것입니다. 특히 의사소통과 사회관계 영역은 교실에서 생활하는 모든 시간 동안 배우고 익힌다고 해도 과언이 아닙니다. 아이들은 끊임없이 이야기를 나누고 갈등을 해결하며 상호작용을 이어가니까요.

　　　　　5~7세에 시작하는 우리 아이 첫 공부

마지막으로 초중고 교육과정과 다르게 유치원 교육과정에는 학년 및 연령 구분이 없어요. 초등학교부터는 같은 학년이면 같은 분량과 수준의 학습 진도를 따라가도록 교육과정이 설계되어 있는데요, 유치원 교육과정은 학년 및 연령별 구분이 없습니다. 왜 그럴까요? 유아기는 발달의 개인차가 두드러지는 시기로, 이러한 개인차를 인정하고 존중하고자 했기 때문입니다. 따라서 유아는 자신의 발달 수준에 맞추어 교육과정에서 제시하는 내용을 배우고 익히게 되는 것이지요. 그래서 같은 연령이더라도 반마다 활동의 내용과 수준에서 차이가 있는 경우가 종종 생기기도 합니다.

제가 유치원 현장에서 가장 크게 깨달은 것 중 하나는 유치원 교육과정에는 아이들이 지금 시기에 배워야 할 모든 것이 빠짐없이 다 담겨 있다는 사실입니다. 한편으로 생각해보면 그럴 수밖에 없는 것이, 이 교육과정을 설계한 사람은 국내 최고의 유아교육 및 아동 발달 이론 전문가, 그리고 다년간의 유치원 교육 현장 경험을 쌓은 현장 전문가들입니다. 유아기 아이들이 건강하고 자주적인 성인으로 성장하기 위해 무엇을 배워야 하는지를 너무나 잘 알고 있는 사람들이라는 것이지요.

그런데 안타깝게도 유아기 자녀를 둔 부모님에게 유치원 교육과정이 무엇이고 어떤 내용을 담고 있는지 쉽고 자세하게 정보를 전달하는 과정에 부족함이 있었습니다. 놀이를 통해 배운다는 '놀이 중심 교육과정' 정도로만 설명이 되었지요. 유치원에서 무얼 배우는지 알 수가 없다는 서두의 말 역시 교육과정에 대한 이해가 제대로 이루어지지 않았기 때문이라고 생각합니다.

그렇기에 지금부터는 유치원 교육과정이 어떻게 구성되어 있는지, 이 교육과정을 효과적으로 이해하고 배우려면 가정에서는 어떤 연계 지도가 필요한지 알아보는 시간을 가져보려 합니다.

○ 유치원 교육과정을
   이해하는 것의 의미

혹시 '교육과정에 대한 이해는 아이들을 가르치는 교사의 몫이지, 굳이 양육자가 그것까지 알아야 하나?'라고 의문을 가지는 분이 계실지도 모르겠습니다. 정말 그럴까요?

유치원 교육과정을 제대로 시행하기 위해서는 3개의 축이 잘 맞아떨어져야 합니다. 이 축은 교실 속 교사와 아이, 그리고 교실 밖 양육자입니다. 유아기 발달 특성상 교육기관과 가정의 활발한 연계, 적극적인 상호작용은 아이들에게 많은 영향을 미치기 때문이지요. 유치원에서 아무리 좋은 교육 활동이 이루어질지라도 양육자의 이해가 선행되지 않는다면 그 교육은 제대로 효과를 내기 어렵습니다.

부모님 대부분이 자녀를 '양육'의 관점에서 '교육'의 관점으로 전환하여 바라보기 시작하는 때가 바로 유치원 시기 즈음이지요. 이때 자녀 교육의 첫 단추를 제대로 끼우기 위해서는 '유아기 고유의 공부법'을 잘 이해해야 합니다. 이러한 측면에서 이 시기 아이들이 배워야 할 것들이 잘 정리되어 있는 유치원 교육과정을 깊게 살펴보는 것은 매우 중요하고 또 반드시 필요한 일이라고 할 수 있습니다.

간혹 유치원 교육과정은 교육기관 밖에서도 자연스럽게 습득할 수 있는 평이한 내용이라 중요하게 다룰 필요가 없다고 주장하는 사람들이 있습니다. 그러나 유치원 교육과정을 이해한다면 아이의 연령과 발달 수준에 적합한 지적 자극과 지원이 무엇인지 알고, 그 적정한 수준을 가늠할 수 있습니다. 방법적인 측면에서 또한 유아기 자녀 교육을 올바르게 시작할 수 있고요.

한글 학습을 예로 들어볼까요? 글자에 관심을 보이지 않는 5세 아이에게 자음, 모음을 써야 하는 학습지를 제공하는 것은 적절하지 않은 방법입니다. 관심을 보이는 시기까지 좀 더 기다릴 필요가 있지요. 그렇다고 해서 글자 읽기에 관심조차 보이지 않는 7세 후반의 아이를 아무런 자극도 주지 않고 '언젠간 알겠지.'라며 뒷짐 지고 있는 것 또한 옳지 않습니다. 유치원 교육과정에 따르면 유아기 동안 아이들은 '말과 글의 관계에 관심을 가지고, 자신의 생각을 글자와 비슷한 형태로 표현'하는 정도의 수준을 보여야 하기 때문이지요. 따라서 유아기 후반까지도 글자에 관심을 보이지 않는다면 다양한 방법을 통해 글자에 관심을 가질 수 있도록 지원해줄 필요가 있습니다.

유아기의 고유한 지식 습득 방식에 대해 잘 알지 못한다면 자녀 교육을 한글, 영어, 수학 등 초등 교과에서 구분하는 기준에 따라 특정 영역으로 한정하기 쉬운데요. 유치원 교육과정에 기반하여 이해한다면 아이가 배워야 할 것들을 5개의 영역별로 나누어 고루 살펴봄으로써 균형 있는 발달을 이룰 수 있도록 하고, 지금 아이에게 가장 필요한 것이 무엇인지를 파악하는 데에도 도움이 됩니다.

유치원 교육과정이 놀이중심, 유아중심으로 잘 알려져 있지만 사실 그 내용을 면면이 살펴본다면 '배움 중심', '또래 중심'이라는 표현이 좀 더 적절하다고 생각합니다. 가르치는 교사 중심의 교육과정이 아니라 배우는 아이 중심으로 만들어지는 교육과정이고 아이들이 또래와 함께 어울려 지내며 경험하는 다양한 활동이 교육과정의 핵심을 이루기 때문이요. 이 과정에서 놀이는 배움의 효과를 높여주는 가장 적절한 수단으로 작용합니다.

앞서 유치원 교육과정을 이루는 3개의 축이 교사, 아이, 그리고 양육자라고 말씀드렸지요. 유치원 교육과정에 대한 올바른 이해를 통해 내 아이에게 맞는 교육법을 찾을 수 있게 되기를, 이를 통해 유아기 첫 공부의 단추를 제대로 끼울 수 있게 되기를 간절히 희망합니다.

유치원의 궁극적인 교육목표

아이가 지식을 접하는 방식은 크게 2가지 형태로 나눌 수 있습니다. 첫 번째는 성인에 의해 가공된 형태로 주어지는 지식이고 두 번째는 아이 스스로 발견하는 날것 형태의 지식입니다. 양육자의 선택으로 아이에게 제공되는 지식은 대부분 전자의 형태입니다. 전형적이고 형식적이지요. 학습지나 학습용 교재, 교구 활용 학습자료 등이 대표적인 예입니다. 이러한 학습 목표는 대체로 인지적인 지식 습득에 치우쳐 있고, 단기간

5~7세에 시작하는 우리 아이 첫 공부

내에 빠르게 특정 수준에 도달하도록 설정된 것이 특징입니다. 3달 안에 한글을 읽고 쓸 수 있게 하는 것, 영어 학원의 레벨 테스트를 통과하는 것, 수학 진도를 몇 살 때까지 몇 학년 과정을 끝내는 것 등이 대표적입니다.

한편 아이들은 생활이나 놀이, 경험 속에서 저마다의 방식으로 지식을 습득하며 배움을 이어가기도 합니다. 이때 배움이란 정형화되거나 가공되지 않은 자연 그대로의 형태이지요. 그래서 특정한 목표를 지니지 않는 것처럼 보이기도 합니다. 우리가 아이의 놀이를 '학습'과 반대되는 개념으로 생각하고 일상에서 필요한 기술을 배우고 익히는 걸 간과하는 것 역시 이를 통해 이루고자 하는 목표가 뚜렷하게 보이지 않기 때문인지도 모르겠습니다.

그러나 놀이를 중심으로 하는 유치원 교육과정에는 분명한 교육목표가 존재합니다. 이 목표는 특정 영역에 치우쳐 있지 않으며 단기간에 성과를 보일 수 있는 성질의 것도 아닙니다. 아이들이 건강하고 조화롭게 발달하고 성장하도록 하겠다는 장기적이고 궁극적인 목적에 따라 설정되었기 때문이지요. 좀 더 구체적으로 유치원 교육과정의 목표를 살펴보겠습니다.

◦ 유치원 교육과정의
5가지 목표

첫째, 자신의 소중함을 알고, 건강하고 안전한 생활습관을 기르도록 합니다. 유아기 아이는 스스로의 존재에 대해 인식하기 시작하면서 자신의 감정과 욕구를 느끼고 이를 조금씩 조절해갑니다. 따라서 우리는 교육을 통해 아이들이 긍정적인 자아상을 가지고 자신이 소중한 존재임을 알 수 있도록 도와야 합니다. 자신의 몸을 마음껏 움직여보고 규칙적으로 생활하며 위험한 상황에 대처하는 법을 알려주는 것 또한 필요하고요. 이를 통해 몸과 마음이 건강한 사람으로 성장하는 것을 목표로 합니다.

둘째, 자신의 일을 스스로 해결하는 기초능력을 기르도록 합니다. 유아기 아이는 이전까지 타인의 도움을 받아 해결했던 일들을 스스로 해낼 수 있는 능력이 급격히 성장합니다. 신발 신기, 옷 입기, 밥 먹기 등 일상의 가장 기본적인 기능부터 자신이 하고 싶은 놀이를 선택하고 놀이 과정에 적극적으로 참여하며, 놀잇감을 비롯해 자신의 주변을 정리하는 것까지 일련의 과정을 스스로 해낼 수 있도록 지원하고 격려해야 해요. 또한 자신의 생각이나 감정, 욕구를 말로 표현하는 방법과 자신에게 닥친 문제 상황을 인식하고 이를 스스로 해결

5~7세에 시작하는 우리 아이 첫 공부

하는 방법 또한 알아야 합니다. 이를 통해 자주적인 사람으로 성장하는 것을 목표로 합니다.

셋째, 호기심과 탐구심을 가지고 상상력과 창의력을 기르도록 합니다. 아이는 그야말로 어른들이 생각지도 못한 것에 대해 궁금증을 가지며 독특한 상상을 합니다. 이러한 상상력은 창의성과 독창성의 밑바탕이 되고, 학령기 이후 학업에 대한 흥미와 관심을 유지하는 데에 결정적인 역할을 하는 요인으로 작용하지요. 따라서 이 시기에 주변 환경에 호기심을 가지고 자유롭게 탐색할 수 있도록 격려하고, 새로운 것에 열린 마음으로 받아들일 수 있는 태도를 기를 수 있도록 도와야 합니다. 이를 통해 창의적인 사람으로 성장하는 것을 목표로 합니다.

넷째, 일상에서 아름다움을 느끼고 문화적 감수성을 기르도록 합니다. 아이들은 작은 것에서도 아름다움을 느끼고 이를 즐길 수 있는 감성을 지닌 존재이지요. 일상에서 자주 접하는 자연과 문화에 대한 감수성을 기르고 이를 예술적으로 표현하는 과정을 경험할 수 있도록 지원해야 합니다. 또한 아름다운 것을 보고 이를 다른 사람과 함께 나누며 정서적, 문화적 공감대를 형성하는 경험도 필요하고요. 이를 통해 감성이 풍부한 사람으로 성장해나갈 수 있습니다.

다섯째, 사람과 자연을 존중하고 배려하며 소통하는 태도를 기르도록 합니다. 유아기 아이들에게 꼭 필요한 공부를 크게 두 가지로 나눈다면 하나는 '자기 자신에 대한 이해와 조절'이고 다른 하나는 '타인과 함께 살아가는 방법의 습득'이라고 할 수 있습니다. 건강한 성인으로 성장하기 위해서는 사회적 존재로서 다른 사람들과 관계를 형성하고 유지하는 방식을 익히는 것이 매우 중요해요. 특히 갈등 상황 속에서 이를 원만한 방식으로 해결하는 방법을 제대로 배우고 익혀야 합니다. 또한 타인과 도움을 주고받으며 배려와 양보를 경험해보는 것 역시 꼭 필요한 부분입니다. 자연을 아끼고 소중히 여기는 태도를 기르는 것 또한 중요하지요. 이러한 과정을 통해 아이들은 더불어 사는 사람으로 성장해 나갑니다.

지금까지 유치원 교육과정의 목표를 하나씩 살펴보았습니다. 이를 바탕으로 아이에게 지금 당장 무엇을 가르칠 것인지를 고민하기에 앞서 앞으로 어떠한 목표를 향해 나아가야 할 것인지 생각해보는 시간을 가져보는 건 어떨까요? 이제 막 자신만의 출발선에 들어선 아이들에게 그들이 결국 향해야 할 종착지의 방향을 안내해주는 것보다 더 중요한 건 없을 테니까요.

유치원 교육과정으로
우리 아이 첫 공부
레벨 업하기

건강하고 안전하게 생활하기: 신체 운동·건강 영역

우선 부모가 꼭 알아야 할 게 있습니다. 여기에서 제시하는 연령별 발달 특성 및 연령별 활동 제안은 절대적인 기준이 아닙니다. 유아기 동안 이루어지는 각 영역별 발달의 흐름을 좀 더 알기 쉽게 설명하고자 한 것이므로 아이의 개별적 특성과 발달 수준을 고려하여 이해하기를 부탁드립니다.

각 영역별 배움 체크리스트는 〈2019 개정 누리과정의 영역별 목표 및 내용 해설〉을 참고하여 작성하였습니다. 이는

5~7세에 시작하는 우리 아이 첫 공부

교육과정에 기반해 살펴본 유아의 특성 및 변화를 양육자의 관점에서 쉽게 이해할 수 있도록 돕기 위한 목적으로 제작하였으며 발달상의 우열을 가리거나 수행의 수준을 평가하기 위함이 아님을 알려드립니다.

그럼 본론으로 들어가 신체 운동에 관한 이야기를 해보겠습니다. 신체능력은 우리가 세상에 태어나는 순간부터 지속적으로 발달합니다. 이와 더불어 운동능력 역시 급격하게 성장하는데요. 무의식적으로 신체를 움직이는 신생아기의 '반사적 동작'을 시작으로 영아기에는 의도에 따라 신체를 움직이려고 하는 '초보적 동작'이 이어집니다. 유아기에 들어서면 점차 다양한 기본적 동작을 성숙하게 수행할 수 있어요.

유치원에 입학하는 5세 정도가 되면 걷기, 달리기, 점프하기, 올라가기 등 위치를 바꾸며 움직이기를 좋아합니다. 하지만 자유롭게 몸을 움직이는 데 완전히 능숙해진 상태는 아니에요. 자신의 신체와 주변에 있는 사람이나 사물 간의 거리를 정확히 가늠하는 데 어려움이 있어 의도치 않게 또래와 부딪치는 일이 자주 생기기도 하고요.

6세가 되면 거리에 대한 감각과 신체를 조절하는 능력이 확연히 좋아져서 부딪치는 일로 일어나는 문제 상황은 줄어듭니다. 더불어 제자리에서 몸을 위아래로 구부리거나 흔들고, 균형을 잡는 등의 신체 활동을 할 수 있어요. 자신의 신체 움직임에 대한 자신감이 한껏 높아진 상태이지만 기대만큼 몸이 따라주지 않아 안전사고가 빈번하게 일어나기도 합니다.

7세에는 공이나 줄넘기, 훌라후프 등 도구를 이용한 놀이를 꽤 능숙하게 해낼 수 있습니다. 놀잇감을 높게 쌓고 그 위로 뛰어넘거나 흔들리는 구조물을 건너가는 등 아슬아슬한 도전을 통해 자신이 어느 정도의 동작을 수행할 수 있는지 확인하려는 모습을 보입니다. 어떤 동작이든 초기 단계에서는 미숙하거나 과장된 것처럼 보이지만 점차 운동 기술이 향상되고 자신의 움직임에 대한 조절력이 높아지면서 많은 동작이 기술적으로 효율적이고 정확하게 이루어집니다.

앞선 글에서 유치원 교육과정에는 교과목 대신 '영역'이 존재하며 총 5개의 영역이 있다고 말씀드렸는데요. 이 중 첫 번째를 차지하는 것이 운동능력 발달을 기반으로 하는 '신체 운동·건강' 영역입니다. 그만큼 아이에게는 자신의 신체를 조절하고 다양한 신체 활동에 참여하며 건강하고 안전한 생활습관을 기르는 것이 무엇보다 중요하다는 의미이겠지요. 신체 운동·건강 영역은 크게 '신체 활동 즐기기', '건강한 생활습관 만들기', '안전한 생활습관 만들기'와 같이 3개의 범주로 세분화하여 살펴볼 수 있습니다.

○ 움직임을 조절하며
신체 활동 즐기기

　5세 이전인 영아기 아기의 주 임무가 자신의 신체를 자신의 것으로 '인식'하는 것이었다면 유아기에 들어서면서부터는 자신의 신체를 필요에 맞게 스스로 조절하는 능력을 키워야 합니다.

　인간이 살아가면서 평생 발달시켜야 하는 중요한 능력 중하나가 바로 '조절 능력'인데요. 청소년기에는 우선순위에 따른 일과의 조절을 배워야 할 테고, 학령기에는 하고 싶은 일과 해야 하는 일 사이의 조절을 배워야 할 겁니다. 또래와의관계에서 깊이와 거리를 조절해보는 경험 또한 필요하고요. 이러한 조절 능력의 기반이자 시작점이 바로 신체의 움직임을 조절하는 방법을 익히는 것입니다.

　신체 조절이 미숙한 아이들의 경우 다른 또래들과 자주부딪치는 등 의도치 않게 타인을 공격하는 행동으로 오해를사기도 합니다. 그러므로 다양한 신체 활동과 도구를 이용한몸놀이 등을 통해 신체 조절 능력을 높여야 해요. 몸을 자유롭게 움직일 수 있는 바깥 공간에서 충분한 시간을 보내야 하는 것은 물론이고요.

　놀이터에서 하는 다양한 게임들은 단순한 놀이 이상의

의미를 지니고 있습니다. 신체 조절 능력을 높이는 데 도움이 되는 놀이로는 우리 어른들에게도 익숙한 '얼음땡', '무궁화 꽃이 피었습니다', '술래잡기', '숨바꼭질' 놀이를 꼽을 수 있는데요. 자유롭게 움직이다가도 규칙에 따라 곧바로 움직임을 멈추어야 하고, 방향을 바꾸어 도망을 가거나 몸을 숨길 수 있어야 하지요. 또한 넓은 공간에서 자유롭게 몸을 움직일 수 있는 경험인 동시에 대체로 여러 사람이 함께 놀기 때문에 자연스럽게 다른 또래의 움직임을 보고 배우며 익힐 기회가 됩니다.

○ 건강한 생활습관 만들기

'세 살 버릇 여든 간다'라는 속담에서 세 살은 5세 유치원에 다닐 정도의 나이를 뜻합니다. 그만큼 유아기에 만들어진 습관이 일생에 걸쳐 큰 영향을 미친다는 의미이겠지요. 이 시기에는 여러 습관 중에서도 특히 건강과 관련된 부분을 중점적으로 익혀야 합니다.

우선 자신의 몸과 주변을 깨끗이 하기 위해 손 씻기, 배변 뒤처리하기, 놀잇감 정리하기 등을 스스로 하는 방법을 배워야 해요. 다양한 음식 재료에 관심을 가지게 유도하고, 음식을 소중히 여길 줄 알며 자리에 바르게 앉아 즐겁게 식사하는 습관을 기르는 것도 중요합니다. 또한 몸이 아프거나 힘이 들 땐 적절한 휴식을 취해야 하고, 날씨와 상황에 맞게 옷을 입으며 규칙적인 수면습관을 갖춰야 건강하게 생활할 수 있음을 이해하도록 도와주어야 해요.

○ 안전한 생활습관 만들기

건강한 생활습관과 더불어 중요한 것이 바로 안전한 생활습관이에요. 유치원에서는 안전사고나 화재, 학대, 유괴 등 아이의 안전을 지키기 위해 주기적으로 안전 교육을 실시합니다. 이와 더불어 일상적인 상황 속에서 위험한 장소나 상황은 어떤 것이고 도구는 무엇이 있는지를 알아야 하며 안전한 방법으로 규칙을 지키며 놀이할 수 있도록 가르치지요.

일상생활에서 안전에 관해 가장 잘 배울 수 있는 곳이 바로 놀이터입니다. 미끄럼틀 위에 다른 친구가 있을 때는 거꾸로 올라가지 않기, 차례를 지켜 순서대로 그네 타기, 움직이는 그네에 가까이 있지 않기, 시소를 타다가 갑자기 혼자 내리지 않기 등 다양한 놀이 상황에서 안전을 지키는 방법들을 자연스럽게 배울 수 있습니다.

요즘 육아에서 빼놓을 수 없는 고민거리인 TV와 스마트폰을 필요한 상황에서 적절하게 활용할 수 있는 방법을 알려주는 것도 필요합니다. 부정적인 영향을 미칠 정도의 무분별한 노출이 이루어져서는 안 되지만 그렇다고 해서 무조건 금지하는 것 역시 현실적으로 가능하지 않기 때문이지요. 따라서 필요에 따라 적절한 방식으로 디지털 기기를 사용할 수 있도록 해야 합니다. 공룡 종이접기 방법 검색해보기, 곤충이나 꽃 이름 찾아보기 등 정보를 탐색하는 도구로서 스마트기기를 활용하는 방법을 제시해주고 함께 찾아보는 등의 활동이 도움이 됩니다.

신체 운동·건강 영역 배움 체크리스트

범주	내용	전혀 아니다	간혹 그렇다	그런 편이다	매우 그렇다
신체 활동 즐기기	자신의 신체를 인식하고 스스로 움직일 수 있나요?				
	신체 움직임을 필요에 따라 조절할 수 있나요?				
	몸을 이동하는 운동(걷기, 달리기, 점프하기 등)을 할 수 있나요?				
	제자리에서 하는 운동(구부리기, 흔들기, 돌기 등)을 할 수 있나요?				
	도구를 이용한 운동(공, 훌라후프, 줄넘기 등)을 할 수 있나요?				
	실내외에서 이루어지는 신체 활동에 적극적으로 참여하나요?				
건강한 생활 습관 만들기	자신의 몸과 주변 환경(놀잇감)을 깨끗이 할 수 있나요?				
	몸에 좋은 음식에 관심을 가지고 바른 태도로 음식을 먹나요?				
	필요에 따라 적당한 휴식을 취할 수 있나요?				
	질병을 예방하는 방법(손 씻기, 배변 처리, 예방주사 등)을 알고 잘 실천할 수 있나요?				
안전한 생활 습관 만들기	일상생활 중 안전하게 놀이하고 생활하나요?				
	TV와 스마트폰을 적절한 수준에서 바르게 사용하나요?				
	교통안전 규칙을 잘 알고 지킬 수 있나요?				
	안전사고, 화재, 재난, 학대, 유괴 등에 대처하는 방법을 알고 있나요?				

'그런 편이다', '매우 그렇다'에 응답한 문항의 수

5세 1학기 (　　) / 5세 2학기 (　　)

6세 1학기 (　　) / 6세 2학기 (　　)

7세 1학기 (　　) / 7세 2학기 (　　)

체크리스트 활용 TIP

위 문항들은 일상 생활에서 자연스럽게 배워야 할 신체 운동·건강 영역으로 구성되어 있습니다. 응답한 문항의 수를 기록하면서 이 영역에서의 발달이 잘 이루어지고 있는지 점검하고, 적절한 경험과 자극을 제공함으로써 영역 내 균형 있는 배움을 지원할 수 있습니다.

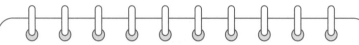

집에서 신체 운동능력을 키워봐요!

✅ 우리 같이 달리고 점프하며 놀아요

몸을 움직이며 노는 것은 어찌 보면 아이들에게는 본능과도 같습니다. 탁 트인 넓은 공간에 가면 아무런 목적 없이 그저 해맑게 웃으며 사방으로 뛰어다니지요. 신체 활동을 좋아하는 아이들은 아무래도 자연스럽게 자신의 신체를 다루고 필요에 따라 움직임을 미세하게 조절해보는 경험을 하게 되는데요, 기질에 따라서 그렇지 않은 아이들도 있습니다.

신체 활동에 소극적인 아이라면 비교적 제한된 공간에서 조금씩 몸을 움직이는 것부터 시도해보세요. 또한 양육자와 함께 놀이하며 몸을 움직이면 신체 활동이 즐겁고 재미있다는 걸 인식할 수 있습니다.

✅ 5세는 거울 놀이를 해요

아이와 아빠가 마주 보고 서서 거울이 된 것처럼 동작을 따라 하는 놀이입니다. 초반에는 쉽고 편한 동작부터 시작해 점차 난이도를 높여보세요.

쉬운 동작에 익숙해졌다면 아빠와 아이가 서로 번갈아가며 조금 더 어려운 동작을 제시하고 같은 동작을 한 후 5초 동안 멈춰보세요. 성공하면 점수를 획득하는 게임 방식을 도입하면 더욱 흥미진진한 신체 활동을 할 수 있습니다.

✅ 6세는 규칙에 따라 걸어요

아이와 등하원 또는 산책을 하며 할 수 있는 활동이에요. 먼저 간단한 규칙을 만들어 걸어봅니다. 바닥에 선이 있다면 선을 따라 외줄타기처럼 걸어볼 수 있고, 블록형 인도라면 색깔이 있는 곳만 밟는다거나, 2칸씩 띄워서 걷는다거나 하는 방법으로요. 자신이 할 수 있는 만큼 최대한 큰 보폭으로 걸어보다가 반대로 가장 작은 보폭으로도 걸어보며 즐겁게 신체를 움직여봅니다.

✅ 7세는 점프해서 풍선을 터치해요

풍선 3개를 각각 길이가 다른 낚시 줄에 매달아 천장에 붙여둡니다. 1단계는 손을 높이 들면 닿을 정도의 높이, 2단계는 손을 들고 살짝 점프했을 때 닿을 정도의 높이, 3단계는 손을 들고 높이 점프했을 때 닿을 듯 말 듯한 높이로요. 3단계 풍선을 터치하기 위해 다양한 동작의 점프를 시도해볼 수 있습니다.
현관 입구에 풍선을 붙여두면 집으로 들어오고 나갈 때 작은 재미 요소가 되기도 합니다. 이 놀이를 할 때는 주변에 부딪칠 만한 물건을 치우고 해주세요.

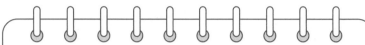

집에서 건강한 생활습관을 만들어 봐요!

✅ 정리 정돈도 즐거운 놀이가 될 수 있어요

즐겁게 놀이한 후 반드시 거쳐야 하는 과정, 바로 정리 정돈이지요. 놀이를 끝내야 한다는 아쉬움에, 혹은 다른 일을 해야 한다는 이유로 정리하기를 피하거나 미루는 경우가 생기기도 하는데요. 이런 경우 양육자가 대신 해주기보다는 서툴더라도 아이가 직접 정리 과정에 참여하는 것이 건강한 생활습관을 형성하는 데에 도움이 됩니다. 정리 시간이 놀이처럼 즐겁게 느껴진다면 더욱 좋겠지요.

✅ 5세는 장난감들의 집을 찾아주어요

정리 시간이 되면 아이에게 "이제 여기 있는 장난감들이 집으로 다시 돌아갈 시간이야." 하고 알려줍니다. 그리고 물건들을 의인화하여 아이와 상호작용을 해요. 장난감을 들고 "잉잉 나는 집을 잃어버렸어. 우리 집은 어디에 있는 거지? ○○아 도와줘." 하면서요. 그러면 아이는 신이 나서 물건의 자리를 찾아줄 거예요. 이때 핵심은 모든 물건을 완벽하게 정리하는 것이 아니라, 조금이라도 아이가 스스로 자신의 물건을 정리하며 재미와 기쁨을 경험해보는 것에 있음을 기억해주세요.

✅ 6세는 '정리 대장'이 되어 보아요

역할 놀이에 진심인 이맘때 아이들에게는 정리 시간에 출동하는 '정리 대장'의 임무를 부여해주세요. 아이는 장난감을 제자리에 두는 '정리 대장', 아빠는 바닥에 떨어진 쓰레기를 버리는 '청소 대장', 엄마는 정리가 안 된 것을 찾아내는 '발견 대장', 이런 식으로 가족 구성원마다 역할을 나눠주고, 다음에는 서로 역할을 바꿔보는 것도 정리 시간을 즐겁게 만드는 방법 중 하나랍니다.

✅ 7세는 집안일을 함께 해요

7세 정도가 되면 자신의 물건이나 장난감뿐만 아니라 집안일을 함께 거드는 것에도 참여할 수 있습니다. 빨랫감들을 종류별로 나누고 크기에 맞게 접어 수납하기, 양육자와 함께 재활용 쓰레기를 분리배출해보기, 장을 본 후 구입한 물건들을 용도에 맞는 곳에 나누어 정리하기 등을 함께해보세요. 아이가 스스로 많은 일을 해낼 수 있다는 자신감, 가족 구성원으로서 자신이 가정일에 기여하고 있다는 성취감을 경험하는 아주 좋은 기회입니다.

소통을 위한 언어능력 기르기: 의사소통 영역

인간은 태어난 후 일 년까지 울음과 웃음, 그리고 몸짓을 통해 자신의 의사를 표현합니다. 돌이 지나면 한 단어부터 시작해 두 단어, 세 단어, 그리고 길고 복잡한 문장까지 구사하며 말하기 능력이 향상되고, 이와 더불어 읽고 쓰기에 관한 관심과 흥미도 높아집니다.

유치원에 입학하는 5세에는 자신의 생각과 감정, 의도를 울음이나 떼쓰기, 몸짓 표현이 아니라 말을 통해 전달하는 비

5~7세에 시작하는 우리 아이 첫 공부

중이 점차 늘어납니다. 책을 읽을 때는 책의 내용과 자신의 경험을 연결해 생각할 수 있고, 이야기가 익숙해지면 그림을 단서로 하여 이야기를 외워 읽기도 하지요. 글자처럼 보이는 형태의 무언가를 *끄*적거리고는 마치 글자인 것처럼 소리내어 읽는 모습도 볼 수 있습니다.

6세에는 단순히 말을 잘하는 것에서 더 나아가 상대의 이야기를 듣고 그에 맞는 이야기를 할 수 있게 됩니다. 좋아하는 책을 읽을 때는 책 속 이야기에 새로운 내용을 첨가하여 이야기를 짓기도 하고, 책에 나온 단어나 구절을 기억했다가 일상적인 상황에서도 활용하는 모습을 보여요. *끄*적거리던 쓰기의 형태는 점차 글자의 모양을 갖추어 가지만 아직은 띄어쓰기, 마침표 찍기와 같은 표준 철자법 규칙을 지키기는 어렵습니다.

7세가 되면 대상의 미묘한 차이를 구체적인 어휘로 비교하거나 대조하여 말로 표현합니다. 이맘때 아이들에게 하늘이 무슨 색인지 물어보면 아마도 이렇게 대답할 거예요. "비 올 때는 까만색 같은 파랑이고요, 해 님이 있는 날은 하늘색 색연필이랑 똑같은 색이에요, 저녁때는 주황이랑 분홍이랑 파랑이 막 섞여 있어요."라고요. 책을 읽을 때는 글자 자체에 관심을 가지고 글자의 소릿값에 맞게 정확히 읽으려는 모습을 보여요. 쓰기에서도 점차 표준화된 글자의 특성에 맞게 적고자 어른들에게 자신이 글자를 맞게 썼는지 묻고 확인하며 올바른 쓰기 방법을 익힙니다.

○ 바르게 듣고
적절하게 말하기

의사소통 영역에서 중요하게 생각하는 첫 번째 기준은 '일상생활 속에서 말하고 듣기를 즐겨 하는가?'입니다. 일방적인 말하기가 아니라 상대방의 이야기를 관심 있게 듣고 상황에 적절한 단어를 사용하여 자신의 경험이나 느낌, 생각을 말하는 것이지요. 엄마가 다른 사람과 대화를 하고 있음에도 자기의 말을 들으라며 소리를 지르고 주의를 끌거나, 상대방은 들을 준비가 안 되어 있는데도 자신이 하고 싶은 말만 늘어놓는 아이들의 모습을 종종 마주치게 되지요? 이럴 땐 상대가 아이의 말을 들을 준비가 되지 않았다는 것을 명확하게 이야기해줄 필요가 있어요. "엄마 지금 통화 중이야, 잠시 기다려 줘.", "저 사람이 다른 곳을 보고 있을 땐 너의 이야기를 들을 준비가 되지 않았다는 뜻이야."라는 식으로요.

어른에게는 존댓말을 사용하여 말하는 것도 배워야 합니다. 부모님의 교육관에 따라 엄마, 아빠에게도 존댓말을 가르치는 가정이 있고 그렇지 않은 가정이 있어요. 엄마, 아빠에게 반말을 쓰는 가정이더라도 부모님 외에 조부모님, 선생님 등 가정 밖에서 만나는 어른들에게는 존댓말을 사용하여 말하는 방법을 익히고 표현할 수 있도록 도와야 합니다.

○ 읽기와 쓰기에 관심 가지기

말하기와 듣기를 통한 의사소통 방식에 익숙해지고 능숙해진 아이들은 점차 글에 대한 관심으로 영역을 확장해나갑니다. 대개 자신이 가장 자주 접하는 글자인 이름부터 시작해 즐겨 보는 책, 간판이나 각종 인쇄물 등 일상생활 속에서 자주 접하는 대상의 글자를 읽고 쓰는 것에 관심을 보이지요.

글자 읽기에 대한 관심이 생긴 아이는 "이건 무슨 뜻이에요?", "뭐라고 써 있는 거예요?"라고 자주 물으며 글자의 소리와 의미를 궁금해합니다. 글자 쓰기에 관심이 생긴 아이는 친구에게 줄 거라며 '사랑해'라는 단어를 종이에 쓰거나 '이건 ○○이에게 주는 초대장이에요. 우리집에 초대할 거예요.'라는 내용의 카드를 쓰기도 합니다. 이처럼 글자가 자신의 생각과 의도를 전달하는 수단임을 알고 활용하려 하지요.

이때 아이들이 표현하는 글자는 자음과 모음의 형태를 갖춘 정형화된 글자가 아닌 경우도 많아요. 나름대로 조합하거나 창안하여 만든 '글자와 비슷한 형태의 무언가'가 될 수도 있지요. 이때 부모는 아이가 쓴 글씨를 보고 철자에 맞지 않는다고 하여 글자가 아니라고 한다거나 틀렸다는 등의 지적을 하지 말아야 합니다. 주목해야 할 점은 철자법에 맞게 썼는지가 아니라 아이가 의사소통의 수단으로 글자를 이해하고 활용하려는 모습이에요. 아이가 꾸준히 글자에 흥미를 가지고 읽고 쓰는 연습을 할 수 있도록 격려해주세요.

○ 책과 이야기 즐기기

책은 아이가 아주 어릴 때부터 자주 접하며 즐기기 좋은 소재이지요. 유아기에 들어선 아이들은 책의 내용을 보며 이를 상상으로 이어가 새로운 이야기로 지어내기를 즐겨 합니다. 또한 곤충이나 꽃의 이름, 특성을 찾아보는 등 궁금한 것이 있을 때 책을 통해 정보를 얻을 수 있다는 사실을 알게 되면서 책의 활용도가 다방면으로 넓어지게 돼요.

이 시기 아이들이 가장 재미있어하는 놀이 중 하나가 바로 '말놀이'입니다. 끝말잇기나 수수께끼, 스무고개 등 즐겁고 재미있는 방식으로 언어적 지식을 쌓고 확장시킬 수 있어요. '시장에 가면~ ○○도 있고'로 시작해 여러 아이가 각자의 말을 더해 이어나가는 방식의 놀이도 집중력과 기억력 향상에 도움이 되는 말놀이입니다. 자신의 경험과 상상을 더해 지어낸 이야기를 연결해나가는 모습도 자주 보이는데 이때 부모님이 아이와 함께 말놀이에 참여하고 즐긴다면, 아이와의 유대감을 높이는 것과 동시에 문해능력 향상을 위한 기초를 탄탄히 쌓을 수 있는 더없이 좋은 기회가 될 거예요.

의사소통 영역 배움 체크리스트

범주	내용	전혀 아니다	간혹 그렇다	그런 편이다	매우 그렇다
바르게 듣고 적절하게 말하기	다른 사람의 말이나 이야기를 관심 있게 듣나요?				
	자신의 경험, 느낌, 생각을 말로 표현할 수 있나요?				
	상황에 적절한 단어를 사용해 말할 수 있나요?				
	상대방이 하는 이야기를 듣고 그와 관련해서 말하나요?				
	바른 태도로 듣고 말할 수 있나요?				
	고운 말을 사용하나요?				
읽기와 쓰기에 관심 가지기	말과 글의 관계에 관심을 가지나요?				
	주변의 상징(간판의 그림이나 기호), 글자 등을 읽는 것에 관심이 있나요?				
	자신의 생각을 글자와 비슷한 형태로 표현하려 하나요?				
책과 이야기 즐기기	책에 관심을 가지고 상상하기를 즐기나요?				
	동화, 동시 등을 듣고 따라 읽으며 말의 재미를 느낄 수 있나요?				
	말놀이에 재미를 느끼나요?				
	자신만의 생각으로 이야기 짓기를 즐기나요?				

'그런 편이다', '매우 그렇다'에 응답한 문항의 수

5세 1학기 (   ) / 5세 2학기 (   )

6세 1학기 (   ) / 6세 2학기 (   )

7세 1학기 (   ) / 7세 2학기 (   )

체크리스트 활용 TIP

위 문항들은 일상생활에서 자연스럽게 배워야 할 듣고 말하기, 읽기와 쓰기 내용으로 구성되어 있습니다. 응답한 문항의 수를 기록하면서 이 영역에서의 발달이 잘 이루어지고 있는지 점검하고, 적절한 경험과 자극을 제공함으로써 영역 내 균형 있는 배움을 지원할 수 있습니다.

5~7세에 시작하는 우리 아이 첫 공부

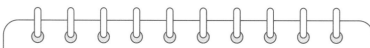

집에서 의사소통능력을 길러봐요!

유치원에서 학부모 상담을 하다 보면 아이들의 의사소통능력에 대한 부모의 평가가 대개 좁은 의미의 언어능력, 즉 '문자해독능력'에 초점이 맞추어져 있음을 알 수 있습니다. 글자를 얼마나 읽을 수 있고 얼마나 잘 쓸 수 있는지에 관해서이지요. 이것이 틀렸다는 건 아닙니다. 문자해독 역시 언어능력의 중요한 부분을 차지하고 있으니까요.

다만 유아기에는 보다 넓은 관점에서, 즉 '소통'의 수단으로 말과 글을 적절히 활용하는 것에 중점을 두는 것이 좋습니다. 이것이 언어의 가장 본질적인 목적이자 기능이기도 하고요. 소통하며 말과 글을 익힐 때 아이들은 훨씬 더 즐겁고 편안하게 의사소통능력을 기를 수 있기 때문입니다.

✅ 5세는 토킹 스틱을 활용해요

토킹 스틱(talking stick)에 대해 들어본 적이 있나요? 토킹 스틱은 여러 사람이 있을 때 활용할 수 있는 의사소통 도구인데요. 이 스틱을 들고 있는 사람만 발언권을 지니고 있고 나머지 사람은 중간에 끼어들지 않고 말을 잘 들어주어야 합니다. 즉 토킹 스틱은 말하기 위한 도구이자 잘 듣기 위한 도구이기도 하지요.

5세에는 차례를 지켜 이야기하는 것이 쉽지 않으므로 엄마, 아빠와 함께 놀이처럼 연습해보는 시간을 가지는 것이 도움이 됩니다. 스틱은 굳이 기성품을 사지 않아도 됩니다. 손에 잡을 수 있는 인형을 활용하거나 나무 막대에 그림을 그려 붙이는 등 간단히 만들어볼 수도 있어요.

✅ 6세는 글자 사냥을 해요

등하원길, 놀이터 등 다양한 장소에서 쉽고 재미있게 자음, 모음을 익힐 수 있는 방법입니다. 자음부터 하나씩 사냥할 대상을 정하고 그것과 같은 모양을 발견하면 사진으로 찍어 모아봅니다. 이때 사냥감의 특징을 알려주면 더욱 좋겠죠? 예를 들어 'ㄱ'을 사냥하러 간다고 하면, "이 사냥감의 이름은 '기역'이야. 이 친구가 있으면 '그' 소리가 나. 옆으로 한 번, 아래로 한 번 내려서 쓸 수 있지. 자, 이제 찾으러 가 보자!" 하며 해당 자음의 이름과 소릿값, 쓰는 방법을 이야기해주면 쉽고 재미있게 기억할 수 있답니다.

✅ 7세는 내 마음의 우체통을 활용해요

글자를 적어 생각이나 느낌을 재미있게 전달할 수 있는 방법으로 우체통을 활용해보세요. 적당한 크기의 상자로 우체통을 만든 후 우체통의 기능에 대해 알려줍니다. "가족들에게 하고 싶은 말이 있을 때, 먹고 싶은 음식이 있을 때 종이에 적어서 우체통에 넣어두면 돼. 그리고 우체통이 열리는 날에 우리 같이 어떤 편지가 들어 있는지 함께 읽어보자." 이런 식으로요. 우체통을 여는 날은 상황에 맞게 조절하면 됩니다. 아직 글자가 익숙하지 않다면 그림으로 그려도 좋고요. 노래를 좋아하는 아이라면 '오늘의 신청곡 상자'로, 게임을 좋아하는 아이라면 '글자 퀴즈 상자'로 변형하여 활용할 수도 있답니다.

5~7세에 시작하는 우리 아이 첫 공부

자신을 존중하고 타인을 배려하기: 사회관계 영역

아이들이 유치원에 다니는 연령이 되기 전(영아기)과 후(유아기)의 가장 큰 차이점은 무엇일까요? 아마 '관계'라는 키워드가 아이들의 생활 속에 등장한다는 점이 아닐까 합니다. 세상에는 나와 가족 이외에도 수많은 사람이 존재한다는 사실을 점차 인식하며 타인, 그중에서도 또래와의 상호작용이 급격하게 활발해지는 시기이기 때문이지요.

5세에는 자기 자신에 대한 인식이 발달하기 시작합니다.

내 이름과 나이, 내가 좋아하는 것과 싫어하는 것, 내가 잘할 수 있는 것, 나의 소유물 등을 중심으로 자아개념을 형성하지요. 이때부터 7세 전후까지가 발달의 전 과정 중 자아존중감이 가장 높게 나타나는 시기이기도 합니다.

6세가 되면 점차 또래와의 놀이를 선호하고 주양육자보다 또래와 함께 시간을 보내기를 원합니다. 또래와 함께 있는 시간이 많아지니 또래와의 상호작용에서 빈번하게 갈등을 겪는 것처럼 보이기도 해요. 하지만 갈등을 겪으면서 적절한 대처법과 해결 과정을 배워나갑니다.

7세에는 관계를 형성하고 유지함에 있어 '공정성'이라는 개념이 매우 중요해집니다. 모든 아이가 똑같이 나누어 가져야 한다거나, 좋은 일을 하면 반드시 좋은 결과로 이어져야 한다고 생각하지요. 따라서 다양한 경험을 통해 다른 사람들과 더불어 살아갈 때 필요한 유연한 사고 방식을 익히고, 자신이 속한 사회와 주변 세계에 관심을 가지는 기회를 가져보는 것이 도움이 됩니다.

○ 나를 알고 존중하기

아이마다 마음의 문을 여는 속도는 차이가 있지만 상대가 편안한 사람이라는 생각이 들면 자기 자신에 대한 솔직한 이야기를 참 많이 합니다. 이름과 나이부터 좋아하는 색깔, 가족 구성원, 잘하는 것과 자랑하고 싶은 점 등 끊임없이 이야기하는 아이들을 쉽게 찾아볼 수 있어요. 자아개념과 더불어 자신감, 자아존중감이 무럭무럭 성장하는 시기이기 때문입니다.

아이가 스스로를 존중하고 소중히 여기기 위해서는 자신의 감정을 잘 인식하고 적절하게 표현하는 방법을 배워야 합니다. 아이 스스로 감정을 다루기 힘들어한다면 그에 맞는 언어적 표현을 제공함으로써 도움을 줄 수 있어요.

말을 잘하는 아이들도 감정을 적절하게 표현하는 건 쉽지 않아요. 그래서 서운함, 아쉬움, 미안함, 신경 쓰임 등의 표현을 "미워!", "싫어." 등의 부정적인 말로 나타내는 경우가 많지요. 그럴 땐 "엄마가 ○○해서 서운하구나.", "친구랑 헤어지려니 아쉬운 마음이 드나보다." 하며 감정에 맞는 표현을 한 번 더 풀어서 말해주면 도움이 됩니다. 또한 서툴더라도 아이가 할 수 있는 것은 자기 손으로 직접 해볼 수 있게 연습을 시켜주세요. 그래야 자신이 할 수 있는 것, 그리고 잘하는 것에 대해 자신감을 가질 수 있게 되거든요.

○ 더불어 생활하기

자기에 대해 관심을 가지는 과정을 충분히 거치고 나면 점차 자신을 둘러싼 사람들, 즉 가족과 친구들로 관심이 확장됩니다. 이때 자기 주변의 사람들과 서로 배려하고 도우며 지내보는 경험이 필요한데요. 청소, 빨래 개기 등 간단한 가사를 아이와 함께해보거나 사용한 물건을 함께 정리하는 등의 시간을 가지는 것은 매우 좋은 방법 중 하나입니다.

한편 유아기는 놀이 발달 단계상 또래 친구와의 협동 놀이가 급격히 늘어나는 시기입니다. 함께 있어도 뚜렷한 상호작용 없이 각자 놀이하는 모습이 자주 보이던 이전과는 달리 함께 놀이하며 목표와 계획을 세우고 진행하는 아이들의 모습이 나타나기 시작해요.

그런데 상호작용이 늘어났다는 것은 그만큼 갈등 상황이 자주 발생한다는 의미이기도 합니다. 이때 어른들이 즉각적으로 갈등에 개입하는 방식으로 아이를 돕는다면 어떻게 될까요? 아이는 지금의 갈등을 자기 나름의 긍정적인 방식으로 해결하기가 어려워집니다. 서툴고 어색할지라도 아이들이 갈등 상황 속에서 스스로 문제점을 파악해보는 경험이 매우 중요해요. 이 과정에서 나와는 다른 생각과 감정을 가진 사람이 있으며 이를 존중하는 방법도 배울 수 있게 도와주어야 합니다.

5~7세에 시작하는 우리 아이 첫 공부

유아기는 자기중심적 사고가 강한 시기이므로 자신의 관점에서 보이는 것만을 말하기 쉬운데 이때 인형 등 놀잇감을 활용해 다른 사람의 입장을 대신 이야기해주는 방식으로 놀이 시간을 가져보는 것도 좋습니다.

○ 사회에 관심 가지기

'나'에서 '가족과 친구'로 이어지는 관심은 우리가 살고 있는 '사회'에 대한 궁금증으로 연결되고 확장됩니다. 놀잇감을 이용해 도서관, 놀이터 등 우리 동네에 있는 시설들을 표현한다거나 각 시설이 하는 역할과 기능에 대해서도 이해하기 시작해요. 따라서 아이들과 함께 산책을 하며 우리 동네에 대해 이야기를 나누고 그 과정에서 생긴 궁금한 점을 알아보는 시간을 가진다면 사회관계를 쉽고 재미있게 이해할 수 있답니다. 또한 우리나라의 상징이나 언어, 문화, 위인 등의 노래나 그림책 등 다양한 자료를 접해보는 것 역시 사회관계 영역의 배움을 돕는 좋은 방법입니다.

사회관계 영역 배움 체크리스트

범주	내용	전혀 아니다	간혹 그렇다	그런 편이다	매우 그렇다
나를 알고 존중하기	자신의 특성과 선호에 대해 잘 알고 있나요?				
	자기 스스로를 소중히 여기나요?				
	자신의 감정을 알고 적절한 방식으로 표현하나요?				
	자신이 할 수 있는 것을 스스로 하나요?				
더불어 생활하기	가족의 의미를 알고 화목하게 지내나요?				
	친구와 서로 도우며 사이좋게 지내나요?				
	친구와의 갈등을 긍정적인 방식으로 해결할 수 있나요?				
	서로 다른 감정, 생각, 행동을 존중하나요?				
	친구와 어른에게 예의 바르게 행동하나요?				
	약속과 규칙의 필요성을 알고 지키려고 노력하나요?				
사회에 관심 가지기	내가 살고 있는 곳에 대해 궁금해하고 알고 싶어 하나요?				
	우리나라의 문화나 생활방식에 대해 알고 있나요?				
	세계 여러 나라의 문화에 관심을 가지나요?				

'그런 편이다', '매우 그렇다'에 응답한 문항의 수

5세 1학기 (   ) / 5세 2학기 (   )
6세 1학기 (   ) / 6세 2학기 (   )
7세 1학기 (   ) / 7세 2학기 (   )

체크리스트 활용 TIP

위 문항들은 일상생활에서 자연스럽게 배워야 할 나를 알아가는 법과 타인과 어우러져 살며 사회로 나가는 내용으로 구성되어 있습니다. 응답한 문항의 수를 기록하면서 이 영역에서의 발달이 잘 이루어지고 있는지 점검하고, 적절한 경험과 자극을 제공함으로써 영역 내 균형 있는 배움을 지원할 수 있습니다.

5~7세에 시작하는 우리 아이 첫 공부

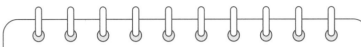

집에서 '나'를 알고 '우리'를 알아봐요!

사회성 발달의 핵심은 자신에 대한 이해와 인정을 기반으로 가족, 또래 등 주변 사람들과도 적절한 관계를 형성하는 것에 있습니다. 자신에게 지나치게 중심을 두어 주변을 배려하고 협력하지 못하는 모습을 보이는 것도, 타인과의 관계에 지나치게 치우쳐 자신을 경시하는 것도 건강한 사회관계 형성에 적절하지 않기 때문이지요.

따라서 가정에서는 나와 우리가 균형 있게 발달할 수 있도록 돕는 시간을 함께 만들었으면 좋겠습니다. 무엇보다 양육자가 일상에서 이러한 모습을 보여준다면 아이들이 자연스럽게 모방하고 배울 수 있어 좋은 사회관계를 형성할 수 있습니다.

✅ 5세는 잠자리에서 1분 명상을 해요

매일 잠들기 전 아이와 함께 누워 가볍게 할 수 있는 활동입니다. 편안한 자세로 누워 눈을 감고 목소리에 귀를 기울여 봅니다. 양육자는 명상에서의 내레이션처럼 다정하게 이야기하면 됩니다. 이야기 주제는 자유롭게 선택하면 되므로 생각나는 것을 천천히 풀어봅니다. "이제부터는 1분 명상의 시간입니다. 편안하게 눈을 감으세요. 숨을 깊~이 들이마십니다. 그리고 후~ 내뱉습니다. 깊이 들이마시면 ○○이 배가 '뽈록'해집니다. 후 뱉으면 ○○이 배가 '쏙!' 들어갑니다. 우리 ○○이는 오늘도 즐겁고 행복한 하루를 보냈습니다. 편안하게 오늘 하루를 마무리합니다." 이런 식으로요. 중간중간 키득키득 웃을 만한 멘트도 넣어줍니다. 잠자리 명상이 익숙해지면 아이에게 진행을 넘겨주세요. 색다른 재미를 발견할 수 있을 거예요.

✅ 6세는 역할 바꾸기 놀이를 해요

아이가 유난히 어려워하거나 하기 싫어하는 일들이 있나요? 그렇다면 역할 바꾸기 놀이를 추천합니다. 양치를 싫어하는 아이라면 아이가 엄마에게 칫솔질을 해주는 거예요. "너무 아파요, 살살 해주세요." 라거나 "나 진짜 양치하기 싫단 말이에요." 하면서 투정을 부리면 아이는 짐짓 엄마가 된 것처럼 어른스럽게 반응할지도 몰라요. 역할 놀이 시 장난감을 나누어 주지 않고 욕심부리는 아이의 역할을 아빠가 맡아볼 수도 있지요. 이렇게 타인의 입장에서 자신의 행동을 간접적으로 경험해보면 아이는 자신만의 관점에서 벗어나 전체적인 맥락과 상황을 조금씩 이해할 수 있게 됩니다.

✅ 7세는 가족회의를 운영해요

갈등 상황에서 적절한 해결책을 찾는 유용한 방식 중 하나는 '회의'입니다. 문제가 있는 사안을 공식 안건으로 삼고 그 문제를 둘러싼 각자의 상황과 입장을 들어보는 시간을 가져봅니다. 이를 통해 나의 주장만을 내세우는 대신 모두가 동의할 수 있는 가장 타당한 결과를 이끌어내보는 경험을 할 수 있지요. 서로의 의견이나 아이디어를 모아야 하는 상황, 이를테면 가족여행이라든지 하루 일과의 루틴을 정하는 것 등에서도 가족회의를 한다면 가족 구성원 모두가 만족할 수 있을 만한 결정으로 이어질 수 있답니다.

아름다움을 느끼고
창의적 표현 즐기기:
예술 경험 영역

아이들은 소소한 일상에서도 아름다움을 발견하고 즐기며 자신만의 방식으로 표현하곤 합니다. 예술 표현은 우연한 끄적거림 또는 의도치 않은 자신의 목소리를 인식하는 것에서 시작하다가 유아기에 들어서면서 점차 형식을 갖추게 됩니다.

5세에는 주로 규칙적인 방향이나 모양을 가진 형태의 끄적거림를 좋아합니다. 이때 나타난 그림에 이름을 붙여주기도 합니다. 어른들이 보기에는 그림과 이름의 연관성을 찾기 어려울 수도 있지만요. 또한 자주 들어본 노래의 경우 이전보다 음의 높낮이를 비교적 유사하게 모방하며 따라 부르기 시작해요.

6세에는 머리에 팔과 다리가 달린 모양인 '두족인' 형태의 인물 그림을 시도합니다. 이후 집, 꽃, 동물 등 자신이 경험한 것이나 알고 있는 대상의 모양을 그림으로 표현하며 대부분의 사물은 정면의 형태로 많이 그려요. 또한 노래를 지어서 부르거나 노랫말의 가사를 바꾸어 보는 등 자신만의 스타일로 음악을 변형해보기도 합니다.

7세가 되면 자신이 가진 특정 방식의 표현 형태를 계속해서 반복적으로 그립니다. 여러 인물을 그리더라도 복사-붙여넣기한 것처럼 같은 얼굴의 형태나 표정이 나타나는 것을 확인할 수 있지요. 또한 그림 속에서 공간의 개념이 형성되어 땅이나 하늘을 직선으로 구분하는 기저선이 등장합니다. 음악에서도 표현의 정확성이 향상되고 노래를 부르며 악기의 리듬을 맞추거나 복잡한 율동을 소화하는 등 동시 작업도 수월하게 해낼 수 있습니다.

유아기에는 이처럼 예술 경험과 표현에 있어 많은 발달이 이루어집니다. 따라서 아이의 관심과 성향에 따라 아름다움을 느끼고 표현해볼 수 있는 기회를 제공해준다면 더욱 좋겠지요. 가장 쉽고 간편한 방법으로 자연과 생활 속에서 아름다움을 찾아보며 자신만의 창의적인 방식으로 표현하고 다양한 예술을 감상하고 존중하는 경험으로 이어가면 좋습니다.

ㅇ 생활 속 아름다움 찾기

'아름다움'이라고 하면 조금은 모호하고 추상적인 개념으로 느껴질지도 모르겠습니다. 하지만 아이들은 매일 일상에서 자연스럽게 아름다움을 느끼며 살아가지요. 봄바람에 흩날리는 벚꽃, 노을이 질 때 하늘의 색, 알록달록 물든 단풍잎과 바스락거리는 낙엽 등 자연에서 마주하는 모든 것이 아이들에게는 아름다움을 감상할 수 있는 대상이 됩니다.

아이가 아름다움을 느끼는 순간 우리는 그 속에 담긴 예술적 요소를 새롭게 발견할 수 있도록 도와줄 수 있어요. 예를 들면 아름다운 노래를 함께 듣고 있다가 "악기 소리가 꼭 새들이 지저귀는 것 같다."거나 "빠른 음악을 들으니 마음이 쿵쾅거리고 신이 나!" 하는 식의 대화를 통해 악기 소리의 특색, 음의 강약과 빠르기, 박자와 리듬감 등의 음악적 요소를 찾아볼 수 있지요.

노을이 지는 하늘을 함께 바라보고 있다면 지금 하늘에서 어떤 색들을 발견할 수 있는지, 구름의 모양은 무엇과 닮

았는지, 만져보면 어떤 느낌일 것 같은지 이야기하면서 색이나 형태의 특징, 모양, 질감이나 원근감 등의 미술적 요소 역시 찾아볼 수 있어요. 이처럼 생활 속에서 자연스럽게 예술적 요소를 경험하는 것은 아이의 감성 발달을 돕는 좋은 기회가 됩니다.

○ 창의적으로 표현하기

많은 사람이 아이들의 창의성을 높이기 위한 갖가지 교육법을 이야기하곤 해요. 하지만 아이는 본래의 모습 그대로가 가장 창의적인 존재랍니다. 자신이 생각하는 것을 표현하는 방식에 있어서도 마찬가지이고요. 더 창의적으로 표현할 수 있게 돕는다는 명목으로 성인의 시선이 개입되는 순간 창의성의 영역은 줄어들기 시작해요. 창의적 표현을 늘리는 데 있어 가장 중요한 것은 아이의 표현 방식을 있는 그대로 존중하고, 적절하게 반응하는 태도를 지니는 것이라고 할 수 있습니다.

창의적인 표현을 위해서는 모든 것이 도구와 재료가 될 수 있어요. 자신의 신체를 활용해 몸을 움직이며 춤을 춘다거나 다양한 재료를 사용해 미술 작품의 형태로 표현할 수도 있

5~7세에 시작하는 우리 아이 첫 공부

겠지요. 노래를 부르고 악기를 연주하며 예술적 감성을 뽐낼 수도 있을 겁니다.

어떤 방식이든 무언가를 즐겁고 신나게 표현하고자 하는 아이가 있다면 우리는 누구보다 호의적이고 적극적인 관객의 마음으로 바라봅시다. 그리고 아이들과 함께 그 순간을 즐겨보면 어떨까요? 자신이 표현한 것들을 가족들도 함께 즐기는 모습 속에서 아이들은 창의적 표현력뿐만 아니라 정서적 안정감 역시 높아지게 된답니다.

○ 다양한 예술 감상하기

예술 경험이 늘어남에 따라 아이들은 자신의 감정이나 생각을 예술적 수단을 통해 표현하기를 즐기게 됩니다. 자기가 그린 그림을 보물처럼 소중히 여긴다거나, 상상하여 지은 말에 나름대로 리듬을 붙여 노래와 비슷한 형태로 불러보기도 하지요.

표현에 익숙해진 아이들은 다양한 예술 작품을 보며 나름의 감상을 합니다. 또래 친구들이 만든 작품을 보며 "종이를 찢어 붙이니까 진짜 꽃 같아.", "무지개 색깔로 칠하니까 더 예쁘네?"라는 식으로 감상평을 이야기하지요.

이 시기 아이들에게 예술 감상 경험을 제공해주는 가장 좋은 방법은 함께 미술관을 방문하거나 예술 공연을 관람하는 것입니다. 물론 아이의 눈높이에 알맞은 수준으로요. 아이가 직접 체험해볼 수 있는 프로그램이 있다거나 쉽고 재미있는 해설이 제공되는 곳이라면 더할 나위 없겠지요. 관람을 통해 무엇을 가르쳐야겠다는 구체적인 목적은 버리고 작품을 즐기는 과정 자체가 의미 있는 시간이라고 여기면 좋겠습니다. 양육자와 아이가 같은 공간에서 같은 대상을 바라보며 서로의 생각을 주고받는 경험은 예술 감상 활동에서 얻을 수 있는 가장 큰 즐거움 중 하나랍니다.

예술 경험 영역 배움 체크리스트

범주	내용	전혀 아니다	간혹 그렇다	그런 편이다	매우 그렇다
생활 속 아름다움 찾기	자연과 생활 속에서 아름다움을 느끼고 즐겨본 경험이 있나요?				
	색깔, 모양, 형태, 리듬, 박자 등 예술적 요소에 관심을 가지고 있나요?				
창의적 으로 표현하기	노래를 즐겨 부르나요?				
	신체, 사물, 악기로 간단한 소리와 리듬을 만들어 볼 수 있나요?				
	신체나 도구를 활용해 움직임, 춤으로 자신의 느낌을 표현할 수 있나요?				
	다양한 미술 재료와 도구로 자신의 생각과 느낌을 표현하나요?				
	극놀이(역할 놀이)로 자신의 경험이나 이야기를 표현하나요?				
다양한 예술 감상하기	다양한 예술을 감상하며 상상하기를 즐기나요?				
	서로 다른 예술 표현을 존중할 수 있나요?				
	우리나라 전통 예술에 관심을 가지고 있나요?				

'그런 편이다', '매우 그렇다'에 응답한 문항의 수

5세 1학기 (   ) / 5세 2학기 (   )

6세 1학기 (   ) / 6세 2학기 (   )

7세 1학기 (   ) / 7세 2학기 (   )

체크리스트 활용 TIP

위 문항들은 일상생활에서 자연스럽게 배워야 할 아름다움을 찾고 표현하며 감상하는 방법의 내용으로 구성되어 있습니다. 응답한 문항의 수를 기록하면서 이 영역에서의 발달이 잘 이루어지고 있는지 점검하고, 적절한 경험과 자극을 제공함으로써 영역 내 균형 있는 배움을 지원할 수 있습니다.

155

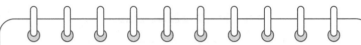

우리 함께 미술관에 가요!

아이들이 접하는 다양한 경험은 저마다의 방식으로 성장을 돕습니다. 그중에서도 예술적 감수성과 상상력, 창의력을 키우는 데에 많은 도움이 되는 것이 바로 예술 경험입니다. 예술 경험을 위해 가장 손쉽게 찾을 수 있는 곳이 바로 다양한 종류의 작품을 감상해볼 수 있는 미술관이에요. 그러나 막상 미술관에 가면 아이와 무슨 이야기를 나누어야 할지 막막하기도 합니다. 평소 미술 분야에 크게 관심을 가지고 있지 않은 양육자라면 더욱 그렇겠지요. 그럴 때 아이의 연령에 따라 도움이 될 만한 질문들을 소개해보겠습니다.

✅ 5세는 눈에 보이는 것을 이야기해요

작품을 자세히 보고 눈으로 확인할 수 있는 것에 대해 이야기를 나누어 봅니다.
"이 그림은 무엇으로 그렸을까? 어떤 재료를 사용했을까?"
"그림을 자세히 들여다보자. 무엇이 보이니?"
"이 그림은 ○○라는 작가가 ○○살 때 그린 그림이래."

✅ 6세는 미술적 요소를 들여다봐요

선, 형태, 색깔, 질감 등 작품을 구성하는 요소를 좀 더 자세히 살펴보며 이야기를 나눕니다.

"이 그림에서 ○○이 눈에 가장 먼저 보이는 색은 뭐야? 제일 밝은 색, 제일 어두운 색을 찾아보자."

"이쪽은 선이 꼬불꼬불한데, 여기는 쭉 길게 뻗어 있네."

"이 그림에는 세모 모양이 많이 보인다. 여기도 있고, 여기도. ○○이가 아는 모양도 한번 찾아볼까?"

✅ 7세는 생각을 확장해요

작품을 통해 작가가 무엇을 표현하려고 했는지 작가의 상황에서 생각해봅니다.

"이 작가는 왜 이 작품을 만들었을까?"

"이 그림을 그릴 때 작가에게 무슨 일이 있었던 걸까? 무슨 생각을 하고 있었을까?"

"엄마가 작가라면 제목을 ○○라고 지었을 것 같아. 왜냐면……."

작품에 대한 느낌, 감상 등 개인적인 생각을 나누어봅니다.

"이 작품에서 어디가 가장 마음에 드니? 이유는 뭐야?"

"엄마는 이 그림을 보니까 ○○한 기분이 들어. ○○이는 어때?"

"이 그림을 우리집에 가져간다면 어디에 걸어두면 좋을까?"

"여기 비어있는 부분에 ○○를 더 그리면 좋겠다. 지금은 사람들이 심심해보이거든."

호기심을 가지고
궁금한 것 탐구하기:
자연탐구 영역

한 사람의 일생에서 0~7세 시절만큼 세상 모든 것이 궁금하고 알고 싶은 때가 또 있을까요? 끊임없이 "왜?"라고 물으며 궁금한 것에 대한 답을 찾기 위해 적극적으로 탐색하는 모습을 보면 '아이들은 모두 꼬마 과학자!'라는 생각이 들곤 합니다. 특히 유아기에 접어들면 인지능력이 발달하여 수학적, 과학적 개념에 따라 사고하는 특성이 나타나기 시작해요.

　5세에는 자신의 감각 혹은 도구를 사용해 주의를 집중하여 무언가의 특징이나 변화를 주의깊게 살펴보며 관찰하기를 즐깁니다. 이 과정에서 대상의 특성을 파악하고 이를 다양한 방식으로 표현해보기도 하지요. 수량의 많고 적음을 구분하고, 물체와 숫자를 일 대 일로 대응하여 세어볼 수 있습니다.

6세에는 놀잇감이나 물건을 색깔, 모양, 크기와 같은 특성이나 기능에 따라 분류해봅니다. 처음에는 "여기는 동그라미 모양, 여기는 세모 모양이에요."처럼 한 가지 기준에 따라 나누어보다가 "여기는 동그랗고 빨간색, 여기는 동그랗고 노란색, 여기는 세모이면서 빨간색이에요."처럼 점차 둘 이상의 기준을 적용해 좀 더 세분화하여 나눠볼 수도 있습니다. 물건이 없을 때도 손가락을 이용해 수를 세고, 노래를 배우듯 수 이름을 암기하고 이를 자주 읊어봅니다.

7세에는 자신이 이미 알고 있는 지식을 이용해 앞으로 일어날 일을 예측하거나 예상할 수 있습니다. "~하면 어떻게 될까?"라는 질문에 대한 답을 할 때 이러한 사고 과정은 더욱 활발하게 일어나지요. 이때 실제로 이를 경험해보고 예측한 결과와 일치하는지 확인하는 활동이 도움이 됩니다. 또한 물체의 길이나 무게, 온도, 시간 등을 어림잡아 보다가 길이는 'cm', 무게는 'kg' 등 표준화된 단위가 있음을 알게 되고, 동일한 기준을 적용해 객관적인 측정값을 구합니다.

이에 더하여 주변 동물이나 식물 등 자연환경에 관한 관심이 급격히 높아지기도 하는데요. 아이들이 궁금한 것에 대해 마음껏 탐구하는 과정을 가질 수 있도록 기다려주고, 일상생활 속에서 다양한 방법으로 탐구하며 자연과 함께 살아가는 태도를 지닌 사람으로 자랄 수 있도록 이끌어주는 것이 중요합니다.

○ 탐구 과정 즐기기

아이는 태어날 때부터 줄곧 탐구하는 자세를 지니고 있는 존재라고 해도 과언이 아닙니다. 자신이 궁금한 것에 대한 답을 찾는 과정에는 더 적극적인 모습을 보이기도 하지요. 이 과정에서 나와는 다른 친구의 생각에 관심을 가지게 되고, 서로의 의견을 조율하고 적용하며 더 나은 방법으로 문제를 해결할 수 있는 방법을 찾습니다. 이때 필요하다면 문제를 해결하는 데에 도움이 될 만한 힌트를 제공해줄 수도 있는데요, 이는 아이들이 탐구 과정에 더욱 적극적으로 참여하게 하는 유인이 되기도 한답니다.

조금 더 높은 연령의 아이라면 다양한 탐구의 방법들을 구체적으로 제시해볼 수도 있습니다. 대상을 자세히 들여다보는 '관찰하기', 둘 이상의 대상을 놓고 서로 같은 점과 다른

5~7세에 시작하는 우리 아이 첫 공부

점을 따져보는 '비교하기', 하나의 기준을 정하여 그 기준에 따라 대상을 나누는 '분류하기', 어떤 행동을 했을 때 그 결과가 어떻게 나올지를 생각해보는 '예측하기', 실제로 행동을 해보는 '실험하기' 등의 방법이 있는데요. 이 중 적합한 방법을 골라 아이들이 궁금해하거나 해결하고자 하는 문제에 적용해보는 경험을 통해 좀 더 깊은 수준의 탐구가 이루어질 수 있는 발판을 다지게 됩니다.

○ 생활 속에서 탐구하기

앞서 말씀드렸듯이 유아기가 되면 일상에서 수학적, 과학적 탐구 방식이 자연스럽게 나타나기 시작합니다. 낯선 물체를 탐색할 때 자신 혹은 그 물체를 기준으로 앞, 뒤, 옆, 위, 아래 등 위치와 방향을 파악함으로써 대상을 인식하며 늘 접하는 주변 환경 속에서 네모, 세모, 원 기둥, 마름모 등 다양한 모양과 도형을 찾아내기도 하지요.

보도블록이나 화장실 타일에서 같은 무늬가 반복되는 것을 발견하고는 똑같은 무늬가 있는 그림을 반복해서 그린다거나 비즈 구슬 끼우기를 할 때 자신만의 규칙에 맞게 구슬을 순서대로 끼우는 모습을 본 적 있으신가요? 이것 역시 수학적 개념 중 하나인 '규칙성'에 대한 이해를 높여가는 과정이랍니다. 이처럼 생활 속에서 자연스럽게 수·과학적 탐구 과정을 경험하는 것은 학령기 이후 수학, 과학 학습에 필요한 사고력 형성의 밑바탕이 되어줍니다.

○ 자연과 함께 살아가기

아이들은 등하원길, 산책길, 놀이터나 공원 등 일상과 매우 가까운 공간에서 늘 자연을 접합니다. 이를 통해 자연스럽게 주변의 동물과 식물에 관심을 가지게 되며 자연과 함께 더불어 살아가는 태도를 배울 수 있습니다. 이 태도를 더욱 발전시키려면 자연은 생명을 가진 존재이며 우리가 소중히 여기지 않으면 어떤 일이 일어나는지 쉽게 이해할 수 있도록 이야기를 나누거나 생명의 소중함을 다룬 책을 함께 읽어보는 것이 도움이 됩니다.

이와 더불어 유아기에는 시간과 날짜에 대한 개념이 형성되기 시작하는데요, 이것은 날씨와 계절 변화의 관심으로 자연스럽게 확장됩니다. 자연의 변화가 우리 생활에 어떠한 영향을 미치는지, 즉 계절의 변화에 따라 옷차림은 어떻게 달라지고 각 계절에 맞게 할 수 있는 놀이는 무엇인지를 함께 경

험해보고, 이러한 변화에 적절하게 대처하는 방법을 배울 수
있도록 도와준다면 더욱 좋겠지요.

자연탐구 영역 배움 체크리스트

범주	내용	전혀 아니다	간혹 그렇다	그런 편이다	매우 그렇다
탐구 과정 즐기기	주변 세계와 자연에 대해 호기심을 가지나요?				
	궁금한 것을 알아보는 과정에 즐겁게 참여하나요?				
	탐구 과정에서 서로 다른 생각에 관심을 가지나요?				
생활 속에서 탐구하기	물체의 특성과 변화를 여러 방법으로 탐색하나요?				
	물체를 세어 수량을 알아보려는 시도를 하나요?				
	일상에서 길이, 무게 등의 속성을 비교할 수 있나요?				
	주변에서 반복되는 규칙(패턴)을 찾아낼 수 있나요?				
	일상에서 모은 자료를 자신만의 기준에 따라 분류해보나요?				
	도구나 기계에 대해 관심을 가지나요?				
자연과 더불어 살기	주변의 동식물에 관심을 가지나요?				
	생명과 자연환경을 소중히 여기나요?				
	날씨와 계절의 변화를 자신의 일상생활과 관련지을 수 있나요?				

'그런 편이다', '매우 그렇다'에 응답한 문항의 수

5세 1학기 (   ) / 5세 2학기 (   )

6세 1학기 (   ) / 6세 2학기 (   )

7세 1학기 (   ) / 7세 2학기 (   )

체크리스트 활용 TIP

위 문항들은 일상생활에서 탐구하고 자연과 더불어 사는 방법의 내용으로 구성되어 있습니다. 응답한 문항의 수를 기록하면서 이 영역에서의 발달이 잘 이루어지고 있는지 점검하고, 적절한 경험과 자극을 제공함으로써 영역 내 균형 있는 배움을 지원할 수 있습니다.

5~7세에 시작하는 우리 아이 첫 공부

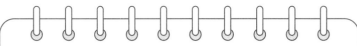

일상의 모든 순간이 탐구의 기회가 돼요!

학창 시절 여러분이 가장 어려워했던 교과목은 무엇이었나요? 여러 답이 나올 수 있겠지만 가장 많이 거론되는 과목을 추려본다면 수학, 과학이 아마 매우 상위권에 위치할 것입니다. 그러다 보니 아이가 나와 같은 어려움을 겪으면 어떡하나 하는 걱정이 되기도 하지요.

이때 가장 중요한 것은 긍정적인 첫인상을 만들어주는 것입니다. 힘들고 어려워도 포기하지 않고 다시 도전해볼 수 있는 힘은 어릴 때 경험한 재미와 흥미로부터 시작되기 때문이지요.

✅ 5세는 일기예보를 함께 보아요

아침 등원 준비를 하면서 일기예보를 함께 보는 시간을 가져봅니다. 오늘의 날짜와 날씨를 직접 듣고 그에 맞는 옷을 준비하면서 하루 일과를 예상해볼 수도 있고요, 강수량과 온도 등 측정 단위에 대해서도 자연스럽게 경험해볼 수 있는 기회가 된답니다.

✅ 6세는 음식을 같이 만들어요

요리 활동은 물질의 특성과 변화를 가장 즉각적으로 확인할 수 있는 아주 좋은 기회가 됩니다. 무엇보다 아이들이 정말 재미있어하고요. 가루에 물을 부으면 진득한 반죽이 되고, 반죽에 열을 가하면 딱딱

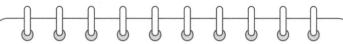

한 쿠키가 되는 과정을 굳이 설명하거나 가르치지 않아도 자연스럽게 배울 수 있어요. 직접 만든 쿠키를 맛있게 먹어보며 성취감도 얻으니 그야말로 일석이조!

✅ 7세는 여행 계획표를 함께 짜요

방학이나 연휴에 가족여행을 계획하고 있다면 아이와 함께 계획을 짜보는 건 어떨까요? 우선 여행 후보지를 몇 군데 고른 다음 각 후보지별 특색과 장단점을 살펴봅니다. 비가 올 경우 어떻게 할지 플랜B에 대해 이야기해봐도 좋고요. 여행지 간 이동 경로와 거리, 여행 경비를 계산해보는 과정에서 수 개념을 적용해볼 수 있어요. 여행을 마친 후에는 여행지별로 10점 만점에 몇 점이었는지 점수를 매겨보는 것도 재미가 쏠쏠하답니다.

일상에서
가장 중요한
기본 생활습관

유치원은 아이를 위한 교육기관이기도 하지만 동시에 일상생활을 영위하는 생활 공간이기도 합니다. 잠자는 시간을 빼면 하루 중 가장 오랜 시간을 보내는 곳도 바로 유치원이지요. 유치원에서 앞서 말씀드린 5개 영역을 고르게 발달시키는 것과 더불어 바른 기본생활습관 형성을 중요하게 여기는 이유도 바로 여기에 있습니다. 이 시기에 형성한 생활 습관은 오랜 시간 동안 유지될뿐만 아니라 아이의 일생에 걸쳐 영향을 미치게 되니까요.

유치원에서 배운 기본생활습관을 가정에서 연계하여 반복 학습을 한다면 아이는 의식하지 않아도 자연스럽게 생활습관을 익힐 수 있습니다. 집에서는 잘되지 않던 것도 유치원에서 선생님, 친구들과 함께 익히고 나면 훨씬 나아지는 모습을 보이기도 하지요. 여러 습관 중에서도 유치원 교육과정에서는 특히 아래의 내용을 중점적으로 익힐 수 있도록 지도합니다.

○ 식사 습관 길들이기

식사 습관은 유아기에 형성해야 할 가장 중요한 습관 중하나입니다. 여러 음식을 골고루 먹기는 물론이고, 밥 먹는 동안 돌아다니지 않기, 먹는 동안에 장난감을 가지고 놀지 않기, 스스로 숟가락과 젓가락을 사용해 밥 먹기, 자기가 먹은 그릇(식판)은 자신이 정리하기 등 식사를 위한 일련의 과정을 잘따를 수 있도록 도와주어야 하지요.

아이에게 주어진 양을 모두 먹도록 하는 것은 사실 쉽지않은 일입니다. 저마다의 적정한 식사량이 있고, 간식을 많이먹었거나 입맛에 맞는 반찬의 유무 등 상황에 따라 먹을 수 있는 음식의 양이 달라지거든요. 따라서 잔반 없이 식사를 마치도록 지도하는 것보다 먹을 수 있을 만큼 먹되 좋아하지 않는 반찬이 있더라도 어떤 맛인지 한 번은 시도해보는 것을 목표로 식사 습관을 잡아주는 것이 좋습니다.

◦ 배변 습관 강화하기

유치원에 오기 전 대부분의 아이들은 기저귀를 떼고 옵니다. 따라서 유치원에선 "화장실 가고 싶어요.", "응가 다 했어요."처럼 말로 자신의 상태를 표현할 수 있어야 하고, 대소변을 본 후에는 물 내리기, 깨끗하게 손 씻기, 화장실에서 장난치지 않기 등의 규칙을 지킬 수 있어야 하겠지요. 배변 뒤 처리 역시 스스로 할 수 있어야 하는데 대변의 경우 쪼그리고 앉은 상태에서 손이 엉덩이까지 닿아야 하기 때문에 신체적 조건을 갖춘 6세 후반에서 7세쯤 스스로 하는 연습을 조금씩 해나갑니다. 요즘은 그림책이나 교육 영상 등 대변 처리에 관해 쉽고 자세하게 설명해주는 자료가 많으므로 이를 충분히 활용하기를 추천합니다.

○ 정리정돈 습관 기르기

즐겁게 놀고 난 후에는 반드시 뒤따르는 일이 바로 정리 정돈입니다. 교실에서 정리 시간을 버거워하는 아이들을 종종 만나곤 하는데요, 스스로 정리를 해본 경험이 거의 없거나 정리가 너무나 큰 부담으로 느껴지는 경우에 이런 모습을 보입니다. 우선은 정리 정돈이 필요한 이유를 아이의 눈높이에 맞춰 이야기해주는 시간이 필요합니다. 예를 들어 "다음 놀이때 놀잇감을 찾기 힘들다.", "잃어버릴 수도 있다.", "발에 밟히면 아프다.", "밟고 넘어질 수도 있다." 등을 말하면 도움이 되지요.

그다음에는 정리 또한 놀이의 연장선처럼 느껴질 수 있도록 한다면 좋습니다. 예를 들면 벗어둔 옷가지를 빨래 바구니에 골인시키는 게임을 한다거나 "이 뚜껑의 짝꿍을 찾아주세요. 나는 구멍이 크고, 노란색이에요. 내 짝꿍은 어디 있나요?" 하면서 풀이나 사인펜의 뚜껑을 닫아 정리하도록 할 수 있습니다. 또는 엄마랑 아이가 정리 대결을 펼쳐보는 것도 좋고요. 일단 정리가 재미있어지면 아이들은 그 어느 때보다 의욕에 넘쳐 후다닥 움직이는 모습을 보여줄 거예요.

◦ 시간에 맞춰 등원하기

유치원은 초중고처럼 정해진 등원 시간을 반드시 지키도록 지도하지는 않습니다. 상황에 따라 유연하게 적용하는 편에 좀 더 가깝지요. 그렇지만 특별한 사정이 있지 않다면, 매일 규칙적인 시간에 일어나 유치원에 도착하여 친구들과 함께 일과를 시작하는 것은 매우 중요합니다. 규칙적인 생활을 함으로써 아이는 스스로 일과를 예측할 수 있고 그 예측의 범위 안에서 자신이 원하는 것을 행할 수 있기 때문이지요. 어느 날은 일찍 등원해서 충분히 놀이하고 친구들과 소통할 수 있는데, 어떤 날은 늦잠으로 인해 놀이 시간이 마칠 때 등원한다면 어떨까요? 하고 싶은 놀이를 하지도 못하고 학급의 일과를 뒤늦게 따라가야 하는 상황이 어쩌면 아이에게는 불필요한 스트레스 상황으로 작용하게 될지도 모릅니다.

기본생활습관 형성 체크리스트

범주	내용	전혀 아니다	간혹 그렇다	그런 편이다	매우 그렇다
식사 및 수면 습관	규칙적인 시간에 자고 일어나나요?				
	유치원 시간에 맞추어 늦지 않게 등원하나요?				
	음식을 흘리지 않고 대체로 깨끗이 먹나요?				
	제자리에 앉아 식사를 하나요?				
정리 정돈	활동이 끝난 후 쓰레기를 쓰레기통에 버리고 주변을 정리하나요?				
	풀이나 사인펜 등을 사용한 후 뚜껑을 닫아 보관하나요?				
	쓰레기를 종류별로 나누어 분리배출할 수 있나요?				
	유치원에 다녀온 후 스스로 가방을 정리하나요?				
일상생활 자조능력	신발을 스스로 신고 벗나요?				
	옷 매무새를 단정히 고쳐 입을 수 있나요?				
	스스로 겉옷을 입고 벗을 수 있나요?				
	귤, 딸기 등 과일의 꼭지나 껍질을 스스로 까서 먹나요?				
	식료품이나 놀잇감의 포장을 벗겨 내용물을 꺼낼 수 있나요?				

'그런 편이다', '매우 그렇다'에 응답한 문항의 수

5세 1학기 (   ) / 5세 2학기 (   )

6세 1학기 (   ) / 6세 2학기 (   )

7세 1학기 (   ) / 7세 2학기 (   )

체크리스트 활용 TIP

위 문항들은 일상생활에서 자연스럽게 배워야 할 생활습관, 자조능력 등의 내용으로 구성되어 있습니다. 응답한 문항의 수를 기록하면서 이 영역에서의 발달이 잘 이루어지고 있는지 점검하고, 적절한 경험과 자극을 제공함으로써 영역 내 균형 있는 배움을 지원할 수 있습니다.

내 손으로 직접, 하나씩 하나씩 해요!

아이들의 기본생활습관을 잘 길러주려면 어떤 방법을 써야 할까요? 답은 아주 쉽습니다. 직접 해보고 자주 해보도록 하는 것이지요. 물론 아직은 신체적으로도 인지적으로도 발달 과정에 있으므로 뜻대로 되지 않을 수도 있고 실수를 할 수도 있습니다.

하지만 오늘 못했던 것이 내일은 될지도 몰라요. 아이들은 늘 성장하고 있기 때문이지요. 아이가 자신의 일을 스스로 해볼 수 있게 경험을 제공해주세요. 그 시도가 성공했을 때는 축하로, 실패했을 때는 격려로 아이들의 자신감을 북돋아주는 게 우리의 역할 아닐까요.

✅ 5세는 유치원에 적응해요

우선 5세는 유치원에 잘 적응하는 것이 가장 큰 과제이므로 아이의 적응 정도에 따라 조금씩 연습을 해나가는 것이 좋습니다. 옷을 뒤집어지지 않게 입고 벗기, 신발 좌우를 맞춰 신고 벗은 후에는 가지런히 정리하기, 소매를 걷은 후 이 닦고 세수하기 등 크게 어렵지 않으면서도 자주 반복되는 일부터 스스로 하는 연습을 해봅니다.

✅ 6세는 정리정돈하는 연습을 해요

놀이 시 사용하는 놀잇감의 종류가 다양해지고 공간의 활용도도 높아지는 시기입니다. 따라서 정리정돈을 습관으로 익혀두는 것이 좋아요. 물건의 위치를 기억하고 사용한 물건을 원래의 형태로 제자리에 놓는 연습을 반복해보세요. 신체 발달 정도에 따라 조금씩 차이는 있지만, 보통 6세 2학기 정도가 되면 대변을 스스로 처리하는 방법 역시 배울 수 있도록 합니다.

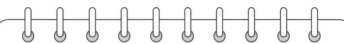 7세는 자조능력을 길러보아요

이제는 소근육의 발달이 상당 수준 이루어졌으므로 손의 미세한 움직임을 필요로 하는 여러 일들을 경험해보면서 자조능력을 기르도록 합니다. 외투의 지퍼 잠그기, 귤이나 딸기 등 과일 껍질과 꼭지를 스스로 따서 먹기, 우유 등 식료품 포장을 스스로 뜯어보는 등의 일들은 조금만 연습하면 금세 능숙하게 해낼 수 있답니다.

아이 공부 이전에 다져야 할
우리의 마음가짐

제가 유치원 현장에 있는 교사이면서 동시에 유아기 아이들을 키우고 있는 엄마이다 보니, 또래 아이를 키우는 양육자분들에게 종종 이런 질문을 받곤 합니다. "선생님 집 아이들은 혹시 영어유치원 다녀요? 공부 어떻게 시키고 있어요?", "앞으로 아이들을 어떻게 공부시킬 계획이에요? 좋은 방법 있으면 좀 공유해 주세요." 그러면 저는 두 아이 모두 공립 유치원에 다니고 있고 미술학원 말고는 대부분의 시간을 놀이터에서 보낸다, 공부를 어떻게 시킬지에 대해서는 생각하지 않고 있다고 이야기하는데요. 이 말을 듣고 나면 대체로 기대했던 답이 아니라는 듯 실망의 눈빛을 보내시더라고요. 그리고 나서는 이렇게 말합니다. "아이 교육에는 크게 신경을 안 쓰시

나봐요."

그럴 리가 있나요, 누구 못지 않게 많이 신경을 쓰고 있는
걸요. 다만 방식에 있어 차이가 있을 뿐이지요. 저는 공부를
'부모가 시켜야 하는 일'이라고 생각하지는 않거든요.

솔직히 말하자면, 저 또한 제 아이들이 공부를 잘하면 좋
겠다고 생각합니다. 저는 공부 하나 잘하는 걸로 온갖 혜택을
누리며 자랐거든요. 넉넉치 않은 형편이었음에도 저렴한 등
록금과 장학금으로 부담없이 대학을 다닐 수 있었고, 과외 아
르바이트로 비교적 편안한 환경에서 용돈벌이를 할 수도 있
었지요. 원하는 직업을 가지는 데 있어서도 굉장한 플러스 요
인으로 작용했음은 물론이고요.

그런데 이보다 훨씬 더 중요한 건 '나의 노력으로 내가 목
표한 바를 이루어 본 경험'이 있다는 사실입니다. 무엇을 하
더라도 열심히 하면 안 될 게 없다는 마인드가 생겼고, 하고
싶은 일이 있으면 용기내어 덤벼볼 수 있는 힘을 가지게 되었
어요. '배워서 내 것으로 익히기'에 겁먹지 않는다고 할까요.
아이들이 공부를 잘하기를 바라는 진짜 이유는 바로 여기에

아이 공부 이전에 우리의 마음가짐

있습니다. 자신의 삶을 주체적으로 이끌어갈 수 있기를, 학업을 위한 공부에 그치지 않고 일생을 배움과 함께 성장하는 삶을 살기를 원하기 때문이지요.

이렇게 장기적인 관점에서 생각해보면 알게 됩니다. 놀며 배우고 배우며 노는 경험, 이전까지는 몰랐던 것을 스스로 발견해 알아가는 재미, 지식을 늘리는 것뿐만 아니라 알고 있는 지식을 나름의 방식으로 엮어볼 수 있는 시간적 여유. 이것이 진짜 유아기에 필요한 공부라는 것을요. 그러니 저는 교육에 신경을 쓰지 않는 것이 아니라 저만의 전략에 따라 아이들을 교육하고 있는 것이지요.

건강한 공부정서의 형성은 아이가 언제, 무엇을, 어떻게 공부했느냐가 아니라 아니라 양육자가 어떠한 마음가짐으로 교육을 바라보고 이해했느냐에서부터 시작됩니다. 아이들은 본래 스스로 배우고자 하는 욕구를 지니고 있는 존재이며, 그것이 적절히 발현될 수 있도록 돕는 것이 양육자의 역할이라는 믿음. 그 믿음이 흔들림 없이 곧게 나아갈 수 있기를 진심으로 바라고 응원합니다.

우리 아이
첫 공부에 대한
다섯 가지
질문

Q 한글, 언제 어떻게 가르쳐야 할까요?

유치원에 입학하고 이제 첫 학기를 마쳤습니다. 유치원 생활이 처음이라 잘 적응할 수 있을지 걱정이 되었지만 지금은 어려움 없이 생활하고 있어요. 그런데 얼마 전 같은 반 친구들 중 몇몇이 벌써 글자를 읽고 쓸 줄 안다고 하더라고요. 저희 아이는 글자에 전혀 관심을 보이지 않아서 신경이 쓰입니다. 지금부터라도 한글을 가르쳐야 할까요?

A 한글에 관심을 가질 때 가르치면 됩니다

많은 부모가 아이를 키우면서 처음으로 학습, 교육에 관심을 보이기 시작하는 분야가 바로 한글입니다. '한글을 아느냐 모르느냐'는 여타 인지능력에 비해 일상생활 속에서 쉽게, 자주 드러나기도 하고요. 빠른 아이의 경우 유치원에 입학하기 전부터 한글을 읽거나 쓰기 시작하는데 이 모습이 또래 엄마들에게는 굉장한 자극과 충격으로 느껴지곤 합니다. '우리 아이는 까막눈인데 저 아이는 벌써 저 글자들을 읽다니!' 하면서요.

이런 아이를 2~3명 보고 나면 이제 우리 아이도 한글 교육을 시작할 때가 되었다고 생각합니다. 학습지나 패드를 활용한 한글 교육 프로그램도 쉽게 접할 수 있으니 우리 아이도 한 번 시켜볼까 생각하게 되고요. 그런데 한글 교

우리 아이 첫 공부에 대한 다섯 가지 질문

육의 시기와 방법을 결정할 때 가장 먼저 고려해야 하는 것은 '글자에 대한 내 아이의 관심 정도'입니다. 이 관심이 생기는 시기는 아이마다 천차만별이에요.

7세 중후반, 초등학교 입학을 준비해야 하는 시기가 되었는데도 글자에 무관심한 아이들이 있습니다. 이때 부모가 '언젠가는 관심을 가지겠지'라고 생각하며 그저 두고 보며 기다리는 것은 적절하지 않아요. 아이가 좋아하는 주제와 연결하여 글자를 읽고 쓰는 것에 흥미를 가질 수 있도록 도와야 합니다.

PLUS TIP 1

아이가 한글에 관심을 보이면 이렇게 가르쳐보세요!

⭐ **지면 밖에서 글자를 만나요**

길가에 보이는 간판, 글자와 비슷하게 생긴 모양의 생활 도구 등을 보며 생활 속 곳곳에서 글자를 찾아 이야기를 나누어봅니다. 특히 아이들이 좋아하는 과자로 글자를 만들어보거나 놀이터에서 자모음 찾기 등 놀이 속에 한글이 자연스럽게 녹아들어 있는 활동일수록 아이들은 더욱 즐겁게 배울 수 있어요.

⭐ 읽기와 쓰기는 다름을 이해해요

아이들이 조금씩 글자를 읽기 시작하면 쓰기도 쉽게 할 수 있을 거라고 생각합니다. 하지만 아이가 느끼기에 읽기와 쓰기는 많은 차이가 있어요. 연필을 쥔 채 손을 미세하게 움직여 힘을 조절하며 글씨를 쓰는 일은 꽤 어렵습니다. 연필 쥐기는 소근육 발달과도 연관이 있고요. 어떤 언어든 가장 나중에 습득되는 기능이 바로 쓰기의 기능임을 생각해본다면 쓰기 연습은 너무 성급하게 이루어지지 않도록 하는 것이 좋습니다.

⭐ 틀린 것을 지적하지 않아요

우리가 이제 막 테니스를 배우기 시작했다고 생각해봅시다. 아직 실력은 미숙하지만 조금씩 재미를 느끼고 있는 단계인데 처음부터 정확하게 익혀야 한다며 동작 하나하나 지적을 받고 다시 연습하라는 지시만 반복해서 받는다면 기분이 어떨까요? 어른이라도 이 상황에서 더 배우고 싶은 마음이 들기는 쉽지 않을 겁니다.

아이들도 마찬가지예요. 모든 글자를 정확히 읽고, 정해진 모양에 따라 맞춤법에 맞게 적기를 목표로 하는 것은 유아기에 맞지 않습니다. 앞서 말씀드렸듯이 초등학교 입학 전까지는 주변에 있는 글자나 문자를 보며 따라 읽기에 '관심'을 가지고, 자신의 생각을 글자와 '비슷한 형태'로 표현할 수 있다면 적절한 수준의 발달을 이룬 것이에요. 반복하여 여러 글자를 보고 읽으며 자신만의 데이터가 쌓이게 되면 자신의 글자와 표준 글자가 다름을 깨닫고 스스로 교정하는 시기가 옵니다. 그러니 조금만 더 인내심을 가지고 기다려주세요.

PLUS TIP 2

적절한 시기가 되었는데도 아이가 한글에 관심을 보이지 않으면 이렇게 해보세요!

⭐ **아이가 한글에 관심을 보이는 시기가 맞는지 확인하세요**

아이들이 한글에 관심을 보이기 시작하는 시기는 저마다 다르지만 대체로 6세 후반에서 7세쯤에는 글자의 소리를 궁금해한다거나 아무렇게나 끼적인 것을 글씨라고 하는 등 나름대로 '글자'를 인식하는 모습을 보입니다. 7세 아이들의 교실에서는 글자를 활용한 놀이 장면이 급격히 늘어나기도 해요. 가게 놀이에서 간판을 만든다거나 게임을 할 때 대기표를 만든다거나 하는 식으로요.
그러므로 7세 중후반까지 글자에 전혀 관심을 보이지 않는 아이에게는 다양한 방식으로 글자를 인식하고 재미를 느낄 수 있게 도와줘야 합니다.

⭐ 재미있는 콘텐츠를 활용할 수 있어요

요즘은 한글을 재미있게 익힐 수 있는 다양한 콘텐츠가 참 많습니다. EBS에서 만든 〈한글용사 아이야〉는 영상과 노래를 통해 한글의 모양과 소리를 자연스럽게 익힐 수 있고요, 국립한글박물관에서 만든 유튜브 영상은 한글이 만들어진 원리를 재미있는 애니메이션으로 접할 수 있도록 도와줍니다. 이외에도 여러 콘텐츠를 활용해 조금씩 한글에 대한 아이의 관심과 흥미를 유도할 수 있어요.

⭐ 무지 공책에 글자 쓰는 연습을 해요

받침이 있거나 획수가 많은 글자를 다른 글자와 비슷한 크기, 비슷한 위치에 적는 것은 아이들에겐 생각보다 더 어려운 일입니다. 손을 미세하게 움직이는 것이 아직은 미숙하기 때문이지요. 이때 아이들에게 줄이나 네모 칸이 있는 글자쓰기용 공책을 주면 칸에 맞게 쓰는 데에 신경을 써야 하므로 글자 쓰기가 '힘들고 어려운 일'이라고 느껴지기 쉽습니다. 유아기에는 줄과 칸이 없는 무지 공책을 주어 무언가를 적는 행위 자체를 좀 더 자유롭고 편안하게 느낄 수 있도록 도와주는 것이 좋아요.

⭐ 한글을 알아야 하는 이유에 대해 알려주세요

우리는 왜 아이들에게 한글을 가르치려고 할까요? 아이들은 한글을 왜 배워야 한다고 생각할까요? 한글이 '다른 사람들과 소통할 수 있는 가장 좋은 도구'임을 알게 된다면 아이들은 지금보다 훨씬 더 적극적으로 관심을 가질 수 있습니다. 예를 들어 다른 사람이 지닌 지식이나 정보를 글자를 통해 알 수 있고, 자신의 생각과 감정을 글로 적어 전할 수 있게 된다거나 하는 것들이지요. 열심히 만든 놀잇감 앞에 '만지지 마세요'라고 적어본다거나, 어버이날에 '엄마, 아빠 사랑해요'라고 편지를 쓰는 등의 활동을 통해 더욱 효과적으로 한글의 필요성을 이해할 수 있답니다.

Q 영어유치원, 보낼까요 말까요?

내년이면 유치원에 가게 되는 4세 아이를 키우고 있습니다. 주변에 엄마들을 보니 영어유치원에 보내겠다는 경우가 꽤 많고, 실제로 집 주변에도 영어유치원이 많이 늘어나고 있는 추세라고 합니다. 영어 노출은 빠르면 빠를수록, 많으면 많을수록 좋다는 이야기도 들리고요. 한편으로는 영어유치원 적응이 힘들어 유치원을 옮긴 경우도 있다고 하여 어떤 기준으로 선택을 해야 하는지 고민이 됩니다.

A 영어유치원은 '학원'임을 인지해야 합니다

최근 몇 년간 영어유치원을 보내느냐 마느냐로 고민하는 부모님이 굉장히 많이 늘었습니다. 흔히 영어유치원이라고 부르는 곳은 유아교육법에 따라 설립된 교육기관인 '유치원'에 해당되지 않아요. 유아들이 다니는 영어 '학원'이지요. 그래서 이곳은 앞서 설명한 유치원 교육과정(누리과정)을 따르지 않고 각 기관의 교육 목적에 따라 운영합니다.

제가 유치원 교사이고 유아기 연령의 아이 둘을 키우고 있다 보니 주변에서 유치원 선택에 관한 고민, 특히 영어유치원에 가는 것에 대한 조언을 구하는 분들을 종종 만나곤 하는데요. 그럴 때마다 저는 이렇게 답합니다. "제가 언어에 관해서는 전문가가 아니기 때문에 영어유치원에 서의 교육 방식과 언어 습득의 효과에 관해서 이야기하 기는 어려워요. 하지만 유아기에 이루어져야 하는 균형적 발달과 심리적, 정서적 특성에 비추어 봤을 때 절대로 보 내지 말아야 하는 영어유치원에 대해서는 확실하게 말씀 드릴 수 있어요."라고요. 어떤 곳인지 여러분께도 알려드 릴게요.

첫 번째, 유치원 교육과정을 전혀 고려하지 않거나, 필요 하지 않다고 말하는 곳. 유치원 교육과정은 앞서 말씀드 린 것처럼 5~7세 유아의 발달 특성을 기반으로 이 시기 에 반드시 배우고 익혀야 할 내용들을 담고 있습니다. 설 사 이대로 운영을 하지 않더라도 국가 수준의 교육과정 이 무엇을 중요하게 여기고 있고 어떤 내용들로 구성되어 있는지에 관해서는 정확히 알고 있어야 하지요. 혹 유치 원 교육과정에 전혀 언급하지 않거나 이를 고려할 필요가 없다고 말하는 곳이 있다면 아이를 보내선 안 됩니다. 그 래야 '영어 잡느라 영어 뺀 나머지를 모두 놓치는' 불행을 막을 수 있어요.

두 번째, 발달에 적합하지 않은 환경을 제공하는 곳(높은 책상, 발이 닿지 않는 의자, 빽빽하게 짜여진 시간표 등). 영어유치원은 교육기관이 아닌 '학원'이라고 말씀드렸지요. 그렇다 보니 간혹 아이들 신체 구조에 비해 지나치게 크고 높은 책상과 의자를 비치해두는 곳들이 있습니다. 하루 중 상당 시간을 이곳에 앉아서 지내야 하는데 발달을 고려하지 않은 물리적 환경은 아이들의 신체적, 정서적 발달에 당연히 좋은 영향을 미칠 리 없겠지요. 또한 책상, 의자와 같은 가장 기본적인 시설에서조차 아이들의 특성을 고려하지 않는 곳이라면 그 외에도 많은 부분에서 유아기에 적합하지 않은 환경이 제공될 것임을 예상할 수 있습니다.

세 번째, 과도한 레벨 테스트를 하며 고유한 속도로 자라고 있는 아이를 '뒤처진 아이'로 인식하게 만드는 곳. 유아기 발달의 가장 큰 특징 중 하나는 바로 아이마다 '개인차'가 상당하다는 것입니다. 이 개인차를 무시하고 표준화된 레벨 테스트를 지나치게 강조하는 기관들이 있습니다. 노력 여하에 관계없이 레벨 테스트 결과에 따라 줄 세워지는 방식의 학습을 유아기부터 경험한 아이들의 공부 정서는 어떻게 만들어질까요? 잘하는 아이는 잘하는 대로 불안하고, 뒤처진 아이는 뒤처진 대로 자책하게 만드는 이러한 방식에서는 절대로 긍정적인 공부 정서를 기대할 수 없습니다. 그러므로 레벨 테스트 결과를 지나치게 강조하며 양육자의 불안감을 조성한다거나 테스트 통과를 위해 더 많은 시간을 몰입식 학습에 투자하게 만드는 기관이라면 반드시 피해야 합니다.

네 번째, 우리말 사용 시 패널티가 있는 곳. 어린 시기부터 꾸준한 영어 노출을 통해 영어가 친숙한 상태일지라도 영어만을 사용하는 원어민 교사와 한 공간에서 생활하는 것은 아이들에게 굉장한 긴장과 불안 요인으로 작용합니다. 또한 자신의 신체 상태나 감정에 대해 정확한 언어로 전달을 하는 것은 모국어로도 쉽지 않은 일입니다. 따라서 상황에 맞게 도움을 청할 수 있도록 한국인 교사가 함께 배치되어 있거나 혹은 한국어 구사가 가능한 외국인 교사가 있는 곳이 좋아요. 혹 한국말을 사용했을 때 벌점을 매기는 등의 패널티가 주어지는 곳이라면 보내지 않아야 합니다. 많은 아이에게 심리적 위축을 유발하기 때문에 그렇습니다.

위의 사항을 충분히 고려한 후 아이를 영어유치원에 보내는 것이 좋겠다는 판단을 내릴 수도 있습니다. 그렇다 하더라도 영어유치원에 다니는 동안 아이가 힘들어하거나 불안해하지는 않는지를 지속적으로 세심하게 살피는 것이 좋아요. 아이들은 자신이 받는 스트레스나 불안을 말로 직접 표현하기가 쉽지 않거든요. 그래서 갑자기 공격적인 행동을 한다거나 작은 일에도 민감하게 반응하는 등 전혀 예상치 못한 방식으로 자신의 어려움을 표출할 수도 있습니다.

영어유치원은 법적으로 유아교육법이 아닌 학원법의 적용을 받는 곳입니다. 따라서 일반 유치원이라면 가능하지 않은 일들이 발생하기도 해요. 공간에 대한 안전상의 규제도 일반 유치원에 비해 훨씬 덜한 편이지요. 갑자기 수업 교재나 프로그램이 변경되고 수업료가 인상된다거나 예상치 못한 안전사고가 발생했을 때 교육기관에 비해 제대로 보호받지 못할 가능성이 있음을 보호자인 학부모님이 정확히 인지하고 있어야 합니다.

영어유치원을 보낼 것이냐 일반 유치원을 보낼 것이냐를 고민할 게 아니라 어떤 곳이든지 그곳에 있는 동안 아이가 편안하고 즐겁게 놀이하고 활동하며, 그 과정에서 자연스럽게 배움을 이루어가고 있는가를 가장 중요하게 따져보아야 합니다. 그리고 본인에게 편하지 않은 언어, 혹은 2개의 언어를 활용해 소통해야 하는 상황 자체가 유아기 아이에게는 굉장한 심리적 부담으로 작용할 수 있으므로 아이들의 전반적인 발달 특성과 단계를 충분히 고려하여 운영하고 있는 기관인지를 신중히 따져보아야 합니다.

우리 아이 첫 공부에 대한 다섯 가지 질문

Q 교육용 패드, 정말로 공부에 도움이 될까요?

아이와 함께 TV를 보면 어린이 프로그램뿐만 아니라 많은 채널에서 교육용 패드의 광고를 접하게 됩니다. 실제로 아이들이 정말 좋아하면서 공부한다는 후기들도 꽤 있더라고요. 자꾸 보니 정말 아이들 교육에 도움이 될까 궁금하기도 하고, 혹시 주의해야 하는 부분은 없는지 알고 싶습니다.

A 패드 학습의 장단점이 무엇인지 꼼꼼히 따져야 해요

요즘은 정말 다양한 교육 콘텐츠가 많지요. 특히 유아기 아이들의 경우 교육용 패드로 게임을 하듯 쉽고 재미있게 지식을 학습할 수 있다는 말이 심심치 않게 들려오곤 해요. 디지털 기기 사용 능력, 디지털 문해력 등 전자기기를 잘 활용할 수 있는 능력이 지금 자라나는 세대에게는 매우 중요하다는 인식이 확산되면서 이러한 사회 전반의 변화에 잘 적응하기 위해서라도 교육용 패드에 일찍부터 친숙해져야 한다고 주장하는 사람들도 있습니다.

교육용 패드가 지닌 장점은 명확합니다. 가르치고자 하는 내용을 아이들이 관심과 흥미를 느낄 만한 재미 요소와 함께 제공한다는 것이지요. 하기 싫다고 내빼는 학습지를 들이밀며 억지로 책상에 앉혀놓지 않아도, 패드 하나만 건네주면 놀면서도 배울 수 있게 되니 부모님은 '한번 시켜볼까?' 하는 생각이 들 수밖에 없습니다.

하지만 교육용 패드가 가진 한계에 대해서도 생각해봐야 하는데요. 첫 번째로 활자로 주어진 정보에 대해 명확하게 이해하고 깊이 있게 생각하는 힘은 종이책을 통해 가장 잘 길러진다는 점입니다. 2022년 OECD에서 발표한 자료에 따르면 종이책을 주로 읽는 경우, 전자책을 주로 읽는 경우, 두 종류를 비슷하게 읽는 경우 중에서 종이책을 주로 읽는 학생이 읽기 성취도에서 가장 높은 점수를 보였으며 독서를 더 즐기는 경향이 있었다고 해요. 즉 얼마나 많은 종이책을 접하느냐에 따라 아이들의 읽기 능력과 독서 흥미가 달라진다는 것이지요. 유아기에 장기간 패드를 활용한 학습에 길들여지면 종이책은 밋밋하고 재미없는, 지루해서 보기 싫은 책으로 여겨질 수 있어요. 패드의 사용이 학령기 이후의 학습을 돕는 것이 아니라 오히려 방해하는 요소로 작용하게 되는 것이지요.

그보다 더 중요한 두 번째 문제는 학습의 결과가 즉각적으로 드러나는 단편적인 지식 습득에만 치우치게 된다는 점입니다. 패드는 내장된 학습 프로그램과 이를 이용하는 유아의 동시적인 상호작용을 기반으로 하지요. 따라서 단순 정보의 입력과 인출이 주를 이루게 됩니다. 주어진 내용을 보고 긴 시간 동안 고민을 해본다거나 자칫 엉뚱해

우리 아이 첫 공부에 대한 다섯 가지 질문

보이는 답변으로 자신만의 논리와 상상을 펼쳐나가는 등의 인지 활동이 이루어지기는 쉽지 않습니다. 또한 교육용 패드를 판매하는 기업체의 입장에서 타깃이 되는 소비자는 패드를 사용하는 '아이'가 아니라 패드를 구입하는 '양육자'입니다. 그러니 양육자 마음에 들 단기적이고 즉각적인 효과를 낼 수 있는 프로그램이 주가 되지요.

어릴 때부터 한입에 넣기 쉬운 '핑거푸드' 형태의 지식에만 길들여진 아이들은 학령기 이후 특히 중고등학교 과정에서 사고력을 요하는 학습 내용을 접했을 때 상당히 혼란스러울 수밖에 없습니다. 이때부터는 그저 핑거푸드를 받아먹어서는 안 되고, 재료를 구해 깨끗이 손질하고 적절한 방식으로 조리하는 것까지 모든 과정을 스스로의 힘으로 해낼 수 있어야 하기 때문이지요. 따라서 유아기에는 쉽고 간편하게 답을 찾아낼 수 있는 방식뿐만 아니라 시간이 걸리더라도 답을 찾아가는 과정 자체가 의미를 지니는 방식의 학습을 자주 경험해보는 것이 좋습니다. 이러한 경험은 훗날 다양한 형태의 지식을 접하고 그에 맞는 습득법을 익히며 성장할 아이들에게 든든한 토양이 되어줄 것입니다.

종이책을 함께 읽는 시간을 충분히 확보해주세요!

요즘은 가정이나 기관에서 종이책뿐만 아니라 전자 매체를 통한 책 읽기 활동 역시 매우 활발하게 이루어지고 있지요. 유튜브에 책 제목만 검색해도 움직이는 그림 화면과 함께 생생한 목소리로 책을 읽어주는 영상을 쉽게 찾아볼 수 있고요. 아이가 즐거워하는 데다 어른도 직접 책을 읽는 수고를 하지 않아도 되니 더 자주 찾게 되기도 합니다.

유아교육 분야에서는 종이책과 전자책이 아이들의 발달에 미치는 영향에 대해 상반된 결과들이 제시되고 있는데요. 다양한 연구에서 공통적으로 주장하는 내용은 두 매체에 대한 균형감 있는 활용이 무엇보다 중요하다는 것입니다. 전자 매체 접근이 너무나 쉽고 간편해진 지금의 상황에서 이 균형을 지킨다는 건 무슨 의미일까요? 바로 종이책에 대한 접근성과 흥미를 잃지 않도록 더욱 노력할 필요가 있다는 뜻입니다.

유아기 아이들에게 종이책 읽기가 주는 가치는 단순히 책의 내용을 이해하는 것에 그치지 않습니다. 눈으로 그림을 보고 손으로 종이를 넘기면서 자연스럽게 눈과 손의 협응능력이 향상되고, 양육자의 목소리까지 더해져 시각, 촉각, 청각이 얽힌 복합적인 정보 처리를 반복하여 연습하게 됩니다. 자신만의 속도로 원하는 장면이나 그림에 충분히 머무르고 몰입하며 빠져들 수도 있고요. 전자 매체를 통한 책 읽기에 비해 종이책을 읽을 때 양육자와의 상호작용이 훨씬 더 활발하게 일어나게 되어 정서적 측면에도 긍정적인 영향을 미칩니다.

현재 정부에서는 2025년부터 디지털 교과서의 도입을 추진하고 있는데요. 디지털 교과서의 장단점에 대해서는 여러 논쟁이 있지만 교사로서, 그리고 아동 발달 연구자로서 제가 가장 우려하는 것은 깊이 있는 사고의 과정, 현재 수준에서 확장된 지식을 찾아가는 과정의 주체가 책을 읽는 아이가 아닌 '디지털 교과서'에 있다는 것입니다. 교과서를 읽으며 아이들이 더 알고 싶고 궁금할 법한 내용들을 교과서에서 먼저 제시하기 때문이지요. 결국 아이들은 교과서를 '따라가는' 방식의 학습이 더욱 강화될 것입니다.

디지털 교과서 도입이 실현된다면 아이들은 학령기 이후 종이책을 접할 기회가 지금보다 더욱 줄어들게 됩니다. 따라서 유아기부터 종이책을 접할 수 있는 기회와 환경을 최대한 많이 제공하여 학령기 이후에도 스스로 종이책을 찾아 읽는 아이로 자랄 수 있게 돕는 것이 중요합니다.

Q 책만 펴면 엉덩이가 들썩이는 아이, 어쩌면 좋을까요?

자녀 교육에 관한 정보를 살피다 보면 늘 강조하는 것이 바로 '독서'인 것 같습니다. 어릴 때부터 책 읽는 습관을 길러주는 것이 중요하다고 하면서요. 그런데 저희 아이는 책을 읽자고만 하면 시작도 하기 전에 지루하다는 표정을 짓습니다. 재미있다고 하는 책들을 골라 와도 당최 집중을 못하고 몸을 들썩여요. 이런 아이도 책을 읽게 만들 수 있는 방법이 있을까요?

A 지금은 책을 읽는 것보다 책과 친해지는 시기입니다

영유아 시기는 책과 가까워지기에 참 좋은 때입니다. 아이들에게 친숙한 여러 소재를 다양한 기법으로 재미있게 풀어낸 양질의 책들이 아주 많거든요. 엄마가 읽어주는 책의 내용을 들으며 정서적으로 교감하는 시간을 가짐으로써 책 읽기를 더욱 좋아하게 되기도 하고요. 어릴 때 형성된 독서 습관은 이후에도 유지되기 쉽고 성인이 된 이후까지 영향을 미치므로 유아기 때 풍부한 독서 경험은 아무리 강조해도 지나치지 않지요.

그런데 때로는 책 읽기에 대한 거부감이 매우 강하게 자리 잡은 아이들도 있습니다. 책은 무조건 어렵고, 재미없고, 따분한 것이라 생각하며 밀어내는 모습을 보이기도 하고요. 어린 나이에 책에 대한 부정적 인식이 형성되어 있다면 양육자와의 책 읽기 경험을 되돌아볼 필요가 있습니다. 아이 수준보다 어려운 책을 지속적으로 제공했는지, 한 번 펼친 책은 반드시 끝까지 읽게 했는지, 책에 있는 글자를 한글 교육의 수단으로 삼지는 않았는지 등에 대해서 말이지요. 유아기 발달 특성에 맞지 않는 방식으로 책 읽기를 지속해왔다면 부모님이 먼저 이러한 방식에 변화를 줄 필요가 있습니다.

PLUS TIP

'그림책 놀이법'으로 책 읽는 방식에 변화를 주세요!

⭐ 책을 놀잇감으로 활용하세요

유아기 아이들이 책을 편안하고 즐겁게 받아들일 수 있도록 만드는 방법 중 하나는 책 본래의 기능인 '글자를 읽고 이야기를 이해하기 위한 수단'이 아니라 그저 즐거운 놀이를 위한 놀잇감으로 활용해보는 것입니다. 여러 권의 책으로 집 모양을 만들고 집의 이름을 지어보기, 작은 책부터 또는 큰 책부터 위로 높이 쌓기, 책을 세로로 세워 쓰러지지 않게 높이 쌓아보기, 머리 위에 책을 올린 후 떨어뜨리지 않고 걸어보기, 바닥에 누워 책으로 키 재기 등의 방법으로 놀이하며 책과 자연스럽게 친해지는 기회를 제공해주세요.

⭐ 책 표지와 제목에 관심을 가지게 해주세요

본격적으로 책을 펼쳐보기 전, 표지와 제목만으로도 다양한 책 놀이를 해볼 수 있습니다. 책장에 있는 책들 중 표지가 가장 마음에 드는 책을 골라 따라 그려보는 활동을 통해 표지에 담겨 있는 여러 정보들(글 작가, 그림 작가, 출판사, 수상 내역 등)을 자연스럽게 익힐 수 있고요. 제목이 가장 긴 책과 가장 짧은 책 찾기 게임, 아이의 이름 글자가 제목에 들어 있는 책 찾기 게임 등을 통해 책 제목에 대한 관심이 자연스럽게 내용에 대한 호기심으로 이어지기도 합니다. 글자 읽기가 능숙한 수준의 아이라면 책 제목으로 끝말잇기 활동도 즐겁게 해볼 수 있어요.

⭐ 재미있게 책 고르기를 시도해보세요

책을 고르는 데에도 여러 가지 재미있는 방법들이 있다는 사실, 알고 있나요? 읽고 싶은 책이 없다고 하는 아이들에게는 책을 바닥에 쫙 깔아놓고 눈 감고 랜덤으로 골라본다거나, 친구나 선생님에게 선물하고 싶은 책을 골라보자고 제안해보세요. 훨씬 더 책 고르기에 흥미를 가질 수 있답니다. 집에 있는 책 중에 가장 재미없을 것 같은 책을 골라 이유를 들어보고, "진짜로 그렇게 재미가 없는지 우리 한번 확인해보자!"고 제안하며 함께 읽어보세요. 정말로 재미가 없다고 해도 한 번은 읽어봤으니 좋고, 생각보다 괜찮다고 한다면 재미있는 책의 새로운 발견이 되겠지요.

⭐ 다양한 방식의 책 읽기를 알려주세요

책을 맨 처음부터 끝까지, 차례대로 읽어야 한다는 고정관념을 잠시 내려둔다면, 아이와의 책 읽기가 훨씬 더 즐거운 시간으로 채워질 수 있습니다. 맨 뒷장부터 거꾸로 읽어보면 그 장면이 나타나게 된 배경이나 원인을 추측해볼 수 있고요, 그 추측이 맞는지 앞으로 한 장씩 넘겨가며 확인하는 재미도 있습니다. 책을 읽은 후 한 번 더 넘겨보며 가장 좋았던 장면을 골라 스티커를 붙여보거나, 주인공에게 하고 싶은 말을 그림 편지로 적어보는 것도 좋습니다. 글자 읽기에 관심을 보이기 시작하는 아이라면 책에 특정 단어가 나왔을 때 그 단어는 아이가 읽도록 해보세요. 아는 단어를 찾고 읽는 과정에서 글자를 더욱 즐겁게 익힐 수 있을뿐만 아니라, 양육자와 함께 주고받으며 읽는 시간을 통해 친밀감도 더욱 높아질 수 있답니다.

Q 학습지를 다 하면 상으로 핸드폰 게임을 하게 해달래요. 그래도 될까요?

아이가 곧 초등학교 입학을 앞두고 있는데 아직 한글 쓰기를 어려워해서 얼마 전부터 학습지를 시작하였습니다. 처음 몇 번은 곧잘 따라 하더니 이내 지겨워졌는지 집중을 잘 못하고 힘들어했어요. 그 모습을 보려니 도저히 안 되겠어서 학습지를 다 풀면 아이가 좋아하는 간식을 주기 시작했어요. 그런데 얼마 전부터 자기가 학습지를 잘 풀면 상으로 간식 대신 핸드폰 게임을 하거나 유튜브를 보게 해달라고 합니다. 고민 끝에 몇 번 허락해줬더니 이제 습관처럼 핸드폰을 찾아요. 걱정이 되기도 한데 이렇게 하지 않으면 학습지 진도를 도저히 나갈 수가 없어 고민이 됩니다.

A 학습은 재미있고 즐겁다는 긍정적 정서를 먼저 심어줘야 해요

아이들에게 무언가를 가르칠 때 즉각적으로 효과가 나타나게 하는 방법 중 하나가 바로 '보상'을 제공하는 것이지요. 실제 양육 상황에서 많은 부모님이 보상을 활용하고 있기도 하고요. 그런데 한편으로는 그 행동을 왜 해야 하는지에 대한 설명이나 이해 없이 단순히 'A를 하면 B를 준다.', 'A를 하지 않으면 B를 뺏는다.' 식의 조건을 제시

우리 아이 첫 공부에 대한 다섯 가지 질문

하는 방식이 비교육적이라 생각해 보상을 부정적으로 보는 경우도 있습니다.

보상은 양면성을 지니고 있어서 적절히 활용하면 득이 되지만, 잘못하면 독이 되기도 합니다. 보상을 활용하기에 가장 좋은 상황은 기본생활습관을 형성해야 할 때, 그리고 일상생활에서 필요한 질서와 규칙을 익혀야 할 때인데요. 이 상황의 공통점은 '행동에 대한 인식이 긍정적이거나 부정적인 것과 관계 없이 행동의 결과가 나타난다'는 것입니다. 좀 더 쉽게 예를 들어 설명해볼까요?

외출을 했다가 집에 돌아왔을 때 '신발 가지런히 정리하기'를 습관으로 만들고 싶다고 해봅시다. 신발을 정리할 때 아이가 기쁜 마음으로 하든 하기 싫은 마음을 억지로 참고 하든 결과적으로 신발은 가지런히 정리가 됩니다. 신발을 정리하는 행위에 대한 아이의 정서가 '신발 정리'라는 결과에 영향을 미치지 않는다는 것이지요. 따라서 적절한 보상이 주어지면, 아이는 싫더라도 보상을 위해 참고 신발을 정리하게 됩니다.

그런데 지금과 같이 학습에 있어서 보상을 제공해주면 어떻게 될까요? 학습지를 풀면 핸드폰 게임을 허락해주는 상황에서 학습지는 '게임을 위한 수단일 뿐 싫어도 참고 견뎌야 하는 것'이라는 인식이 더욱 강화됩니다. 좋아하는 것(핸드폰 게임)과 싫어하는 것(학습지)의 대립 구도가 형성되지요. 정서 상태가 그다지 영향을 미치지 않는 생활 습관과는 달리 학습에 있어서는 긍정적 정서를 형성하는 것이 매우 중요한데요. 보상 제공은 오히려 학습에 대한 부정적 정서를 강화시킬 우려가 있습니다.

또 다른 문제는 핸드폰 게임이라는 보상을 위해 아이는 최대한 빨리 학습지를 해치워버리게 될 것이라는 점입니다. 한 문제에 대해 여러 가지 해결 방법을 생각해보거나 틀린 문제가 있다면 정답을 찾기 위해 고민하는 경험을 해보는 것이 학령기 이후 학습을 이어나가는 데에도 큰 도움이 되는데요. '핸드폰 게임'이라는 보상이 이 과정 안에 들어온 순간 아이들은 가능한 빠른 시간에 끝내기만을 원하게 됩니다. 문제를 틀렸을 땐 당장 해답지를 펼쳐보고 싶어지지요. 모르는 것을 시간 들여 궁리할 이유가 사라지는 겁니다.

지금 상황에서 가장 필요한 것은 아이가 선호하는 방식으로 한글을 익히는 방법을 찾아보는 것입니다. 학습지를 통해 한글을 배우는 방식이 아이에게는 맞지 않고 그러기에 자꾸만 보상을 통해 이를 상쇄시키려 하기 때문이지요. 아이가 좋아하는 캐릭터들의 이름이 적힌 한글 카드 또는 EBS에서 제작한 〈한글용사 아이야〉 등 잘 만들어진

우리 아이 첫 공부에 대한 다섯 가지 질문

교육 영상을 적절히 활용하는 것도 도움이 됩니다. 게임을 좋아하는 아이라면 한글 익히는 데 도움을 줄 수 있도록 고안된 게임들도 찾아볼 수 있어요. 굳이 보상이 주어지지 않더라도 아이 스스로가 즐거워하며 익힐 수 있도록 하는 방법을 찾는 것이 핵심입니다.

Q 다른 사람들이 아이보고 똑똑하다며 더 공부시키라고 하네요. 아이의 재능을 키워주지 못할까 봐 불안한데 어떻게 해야 할지 모르겠어요

저희 아이는 또래에 비해 발달이 좀 빠른 편입니다. 말을 일찍 시작했고, 유치원에 가기 전부터 글자를 읽고 쓰는 것에 관심을 보였고요. 그러다 보니 주변에서 아이가 참 똑똑하다, 영특하다는 이야기를 종종 합니다. 뛰어난 아이이니 이 시기를 놓치지 말고 잘 가르쳐야 한다는 조언도 있고요. 영재원 같은 곳에 입학하기 위해서는 지금부터 준비를 해야하는 게 아닐까 불안한 마음도 듭니다.

A 남의 말에 휘둘리지 마세요, 아이를 가장 잘 아는 건 부모입니다

아이를 키우고 가르치는 일은 참 쉽지 않은 여정입니다. 아이의 발달이 늦으면 늦는 대로 걱정이 되고, 빠르면 빠른 대로 여러 고민거리가 생겨나니까요. 부모의 눈으로 아이를 객관적으로 바라보기는 참 어렵습니다만 아이가 가진 재능과 실력이 여러 사람 눈에 띄고, 아이 역시 무언가를 좀 더 깊이 있게 배우고자 하는 욕구를 지니고 있다면 이를 발전시킬 수 있도록 기회를 제공해보고 싶은 마음이 드는 게 당연합니다.

우리 아이 첫 공부에 대한 다섯 가지 질문

다만 특별한 교육 방식을 선택하기 이전에 선행되어야 하는 것은 아이의 현재 수준과 재능에 대한 객관적이고 정확한 판단입니다. 주변 사람들의 말 한마디나 분위기에 휩쓸리면 잘못된 결정을 내릴 수도 있기 때문이지요. 요즘의 상황을 보면 가히 '영재 과잉의 시대'라고 해도 과언이 아닙니다. 정확히는 만들어진 영재가 넘쳐나는 시대라고 해야할까요?

셀 수 없이 많은 영재 교육 프로그램들이 있고, 영재교육을 받기 위한 과도한 선행학습이 초등을 넘어 유아기 아이들에게까지 영향을 미치고 있습니다. 특히 사교육 시장에서 '영재교육'이라는 키워드는 수많은 부모를 혹하게 하는 마케팅 키워드로 사용되지요. 지능을 측정하는 검사인 웩슬러 지능검사의 점수가 영재원 입학을 결정하는 기준으로 쓰이면서 이 검사를 주기적으로 반복해서 실시하는 양육자가 급증하기도 했습니다. 이렇게 하면 문제의 유형을 익혀서 더 높은 점수를 받을 수 있기 때문입니다. 이렇게 해서 영재원에 들어간다고 한들 그 아이가 진짜 영재일까요? 혹은 영재원에 들어가고 나면 영재가 되는 것일까요? 그보다 이것이 진정 아이를 위한 선택이었을까요? 이렇게까지 해서 아이에게 '영재'라는 타이틀을 붙여주고 싶어 하는 부모의 진짜 욕구는 무엇일까요?

남들이 하는 말에 자꾸 흔들리고 혼란을 느낀다면 눈앞에 닥친 문제에서 벗어나 좀 더 멀리, 더 길게 내다보는 연습이 필요합니다. 내가 추구하는 교육의 방향과 가치가 무엇인지에 대한 답을 진지하게 고민하는 시간을 가져보세요. 아이를 가장 잘 아는 건 다른 누구도 아닌 우리, 부모이니까요. 부모가 흔들림 없이 중심을 잡고 바른 방향을 향해 나아갈 때 아이 또한 부모를 믿고 자신만의 역량을 펼치며 성장할 수 있습니다.

교육 방식에 관한 판단에 있어 가장 중심이 되는 것은 '아이의 모습'이어야 합니다. 학습의 난이도와 무관하게 아이가 재미있어하고 흥미를 느낀다면, 그리고 계속해서 도전하려는 태도를 보인다면 교육적으로 적절하다고 볼 수 있습니다. 그런데 반대로 양육자가 보기에는 충분히 해낼 수 있을 것 같은 수준의 과제임에도 아이는 부담스러워하고 힘들어하는 상황이 생길 수도 있지요. 이때 양육자는 학습 방식이나 그 외 요인들을 두루 살펴보고 필요하다면 변화를 줄 수도 있어야 합니다. 그럼에도 상황이 변하지 않는다면 과감히 멈출 수 있는 용기도 있어야 하고요.

1 교육부, 보건복지부, 「2019 개정 누리과정 해설서」, 2019.

2 이선영, 이호준 외 9명, 「학생의 학교 참여 수준과 특징 분석」, 한국교육개발원, 2020.

3 임희수, 임은미, 「코로나 19상황에서 대학 온라인 수업에 영향을 미치는 학습몰입과 자기주도학습 간의 관계에서 학업적 자기효능감의 매개효과」, 학습자중심교과교육학회지, 21(9), pp.183-194, 학습자중심교과교육학회, 2021.

4 스몰빅클래스, '초3,4가 문해력의 결정적 시기라고요? '진짜' 이유를 알려드릴게요', 2022.04.06. https://youtu.be/Ys_CmOWNE_0?si=_-ir9B-dHvoaON6r

5 차이나는 클래스 플러스, '창의적인 뇌 만들기'-정재승 교수 | 차이나는 클라스 | JTBC 170802 방송, 2022.04.18. https://youtu.be/j2kC_Pla2v4?si=rCcijSBTQlWaEAWp

6 Charles H. Wolfgang, Bea Mackender, Mary E. Wolfgang, 『Growing and Learning Through Play: Activities for Preschool and Kindergarten Children』, McGraw-Hill, 1981.

7 WOOD ET AL, 『Working With Under Fives: 5 (Oxford preschool research project)』, High/Scope Foundation, 1980.

8 Carla Hannaford, 『Smart Moves: Why Learning Is Not All in Your Head』, Great Ocean Publishers; 1st edition, 1995.

9 OECD, 「Does the digital world open up an increasing divide in access to print books?」, PISA in Focus, 2022.

5~7세 자기주도학습을 이끄는 5가지 영역 발달법

다섯 살 공부 정서

초판 1쇄 인쇄 2024년 10월 22일
초판 1쇄 발행 2024년 11월 5일

지은이 박밝음

대표 장선희 **총괄** 이영철
책임편집 정시아 **기획편집** 현미나, 한이슬, 오향림
책임디자인 양혜민 **디자인** 최아영
마케팅 최의범, 김경률, 유효주, 박예은
경영관리 전선애

펴낸곳 서사원 **출판등록** 제2023-000199호
주소 서울시 마포구 성암로 330 DMC첨단산업센터 713호
전화 02-898-8778 **팩스** 02-6008-1673
이메일 cr@seosawon.com
네이버 포스트 post.naver.com/seosawon
페이스북 www.facebook.com/seosawon
인스타그램 www.instagram.com/seosawon

ⓒ 박밝음, 2024

ISBN 979-11-6822-323-3 13590

서사원은 독자 여러분의 책에 관한 아이디어와 원고 투고를 설레는 마음으로 기다리고 있습니다.
책으로 엮기를 원하는 아이디어가 있는 분은 이메일 cr@seosawon.com으로 간단한 개요와 취지,
연락처 등을 보내주세요. 고민을 멈추고 실행해보세요. 꿈이 이루어집니다.